后浪出版公司

失败学

失败学のすすめ

你如何成功　不懂失败

［日］畑村洋太郎 著
高笑颜 译

江苏凤凰文艺出版社

目 录

前　言　学习失败　7
　　失败是成功之母　7
　　从"阴暗世界"汲取知识　9
　　为何致命的失败一再上演　11
　　关注失败的积极面　13

第一章　何为失败　001
　　"与人类息息相关""不愿看到的结果"，
　　这就是失败　003
　　"失败学"诞生的理由　005
　　为何有必要学习失败　007
　　推动社会发展的三大事故　010
　　青函隧道——失败的智慧　017
　　基于"失败学"的东京大学机械专业学习法　021

即便投入巨大精力，也有学习失败的意义　023
印象深刻的失败谈能够促进学生成长　025

第二章　失败的种类与特征　031
失败的阶层性　033
好的失败，坏的失败　039
失败原因的分类　043
诱发大失败的树状图　048
看不见的联系　052
中途改变是万恶之源　053
弥补树状图的缺点　056
失败在成长　058
失败是可以预测的　061

第三章　失败信息的传达方法　063
失败信息难以传达，并随时间推移而减弱　065
试图隐瞒失败信息　068
试图简化失败信息　072
试图改变失败原因　074

失败极易被神话化　076

失败信息的地域化　077

客观的失败信息没有裨益　080

将失败经历整理成知识以便传播　084

记述六个项目　088

当事人无法记述时　098

务必进行评判　101

第四章　从整体上理解创造　103

求解学习和体感学习所获得的知识有所不同　105

在日立宝贵的两年　106

"大凤"号航空母舰因何爆炸　108

第一步是采取行动　112

假想失败体验　114

全面理解的重要性　117

真假"老手"的区别　120

通往真正的理解的理想途径　123

第五章　正是失败孕育了创造　125

逻辑思考的谎言　127

思想的种子落于思考平面　129

重要的"假想演习"　132

大胆舍弃思想的种子　136

不说出口的常识　138

设置灵感笔记　142

表面计划与背面计划　148

纵览思想的整体结构　151

一切创造都源于假想演习　157

第六章　立体地理解失败　159

理解包含着"潜在失败"的损失——经济与失败　161

加入"训练失败"——人的心理与失败　167

惩罚性赔偿制度与司法谈判——法律与失败　174

第七章　消灭致命失败　179

技术成熟与利益追求　181

所有组织都陷入的弊病　187

"真没想到会发生这种事"中的谎言　191

局部最优与整体最差　194

"绝不能随意更改、变动现有事物"　197

TQC的陷阱　200

ISO也很危险　205

当心无能上司　206

无用的会议冗余　208

领导者造成的失败有三倍之差　210

第八章　建立活用失败的体系　215

收集两万个失败信息也毫无意义　217

必要的失败信息三百足矣　219

创设传递知识与经验的场所　222

活用失败并从中获益的机制　226

失败博物馆　228

第九章　肯定失败　231

日本企业的病根　233

模仿文化的局限性　235
　　　因此失败在继续　238

后　　记　241
新版后记　246
出版后记　254

前　言　学习失败

失败是成功之母

我们很早就听过"失败乃成功之源""失败是成功之母"这样的名言。这些话中蕴含着深远的意义，告诉我们即便失败了，只要能从中反省、克服缺点，就一定会走向成功。

虽然我在大学里教授的是机械设计课程，但在设计的领域中经常能够听到"好的设计离不开经验"这样的话。我认为，这句话也可以转换成："为了进行有创造性的设计，失败是必经之路"。

之所以这样说，是因为我们在创造新事物的时候，总是从失败开始的。

人从失败中学习，继而拥有更深远的思考。

这不只是设计领域的经验，也适用于企业规划、活动企划、创作、料理及其他一切需要创造性的工作。也就是说，如今人们常常只看到失败的负面效应，其实失败也是能够成为创造的萌芽的宝贵经验。

观察如今日本的教育，我注意到"失败乃成功之源""失败是成功之母"这样的思想几乎被弃之不用。不仅如此，人们如今最重视的是怎样快速解决已经设定好的问题，以及学习"这样做行得通""不会失败"的方法。

这种情况并不只存在于应试教育中。作为最高学府的大学，本应讲授社会上通用的知识和文学素养，也面临这一问题。学生们几乎没有机会面对失败，无法体验独立思考，从失败经历中探索出新的道路继而培养创造能力这一过程。这一点被许多国家称为"日本人的缺点"，这一点也和日本人民自身意识到的"缺乏创造能力"有着极大的关系。

的确，曾经有一段时间，人们可以通过模仿他人的成功经验而找到成功的捷径。在那个时代，快速且准确地解决已经设定好的问题这一方法是有效的。

但是，时代改变了，复制成功这个方法已经不再适用。昨日的成功并不意味着今日的成功。这个时代最需要的是创造能力。而创造能力的含义是"创造出新事物的能力"，并不能够避免失败。

想要获得创造能力，首先要拥有的不是解决问题的能力,而是自己设定课题的能力。日本人已经习惯了寻找捷径来解答已经设定好的问题,但在当今时代,这种方式对于获得真正的创造能力毫无裨益。

从"阴暗世界"汲取知识

在进行有创造性的工作时,我们需要掌握哪些知识?

为得到这个答案,请想象一下你自己思考新的企划方案时的情形。

你或许很想了解他人的成功经历,确保"这样做行得通"。的确,在应试教育中,为了更好地完成已有的任务,他人的"这样做行得通"的经验十分有效。但你会立刻意识到,只是听说还不够。因为如果照搬这套"行得通"的方案,得到的成果无非是"似曾相识的策划"。

在这种情况下,你真正需要的是什么样的经验呢?答案是"这样做行不通"的失败经验。

"这样做行得通"可以理解为根据光明世界的知识而创造出的新事物,但借助它造出的东西无非模仿品而已。然而,借助从阴暗世界传达来的"这样做行不通"的信息,可以了解失败的必然性,在此基础上规划,省去了遭遇同样的失败的时间和精力，你就能够站在比前人更高一阶的基础上开始新的企划。

这个阴暗世界传达来的知识，还有其他更大的益处。

事实上，我以前在大学教学时，对于特定的问题，也只指导学生寻找"正确的答案"的方法。那时的我认为这是获得知识的最佳捷径。

但结果是，那些学到"正确答案"的学生所掌握的知识只不过是表面的知识。他们虽然能解答公式化的固有问题，但如果让他们实际思考新的问题，这些知识则毫无用处。而在做到这一点之前，大部分的学生甚至不具备最关键的独立设定课题的能力。

为了解决这一问题，我一直在不断摸索有效的指导方法。出乎我意料的是，我发现人们从不顺利的经历中能够深刻感受真正的理解的必要性和有效性。

这其中有两个重点，一是学习者自身实际遭受了沉重的打击，二是虽然学习者自身没有这种经历，但能够接收他人传达的沉痛打击的经验与正确的知识。比起"他人的成功传闻"，"沉痛的经历"更容易被人牢记，这一点将在后文详细介绍。

像这样，阴暗世界的知识，即失败的经验，在教育方面也有着重大意义。但可悲的是，失败总与"绕道""没必要""被人嫌弃""应该隐瞒"这些负面意象联系在一起。可能出于这个缘故，目前在日本，几乎没有人将失败经历当成一种知识来积极地传播。

本来失败应该是孕育成功的"源泉""母亲"，而现在人们竟不允许失败的出现，实在可惜。希望我在这本书中介绍的"失败学"能够改善当今日本人看待失败的态度和处理方式。

为何致命的失败一再上演

最近，大型事故的新闻报道多了起来。

继1999年秋天JR西日本隧道的混凝土剥落事故、9月东海村JCO的临界事故之后，2000年3月地铁日比谷线又发生脱轨事故，让人不忍目睹的惨象接连发生。

6月，成为重大社会问题的雪印乳业食物中毒事件和医疗事故（我猜测早已发生却隐瞒至今）登上新闻媒体，引起社会哗然。原本做梦都不会想到的失败如今呈井喷式地涌现。

对于这些事故,有舆论称"日本的技术基础正在崩坏",但这种看法过于片面。我在本书中会反复强调,我认为一切事故都源于人们在日常生活中面对失败的方式出了问题,也就是说,无法与失败友好共处导致了事故的发生。

人心极其软弱。在被赋予强大负面意象的失败面前,无论是谁,最终都会有"好丢人啊,不想面对""如果不让别人知道就好了"这样的想法。遗憾的是,在日本,这种对待失败的做法随处可见。

事实上,失败作为传达信息的工具常常被轻视,如果将"效率与利益"和"避免失败的对策"放到天平的两端,分量更重的往往是前者。人们会听不到不想听的消息,也看不到不想见的情景。

但隐瞒失败将导致下一次失败,甚至更大的失败,其负面影响难以估量。如果因为掩耳盗铃地无视失败而导致"万万没想到"的致命事故接连发生,那么有必要改变对失败的看法。

也就是说,为了避免再次出现最近发生的事故,重点是要改变与失败的相处方式。只要观察这些相继发生的惨剧就可以知道,一味避讳失败的方法行不通了。更加前进一步，学会如何与失败友好相处，是当今时代所必需的。

关注失败的积极面

　　失败的确会带来负面结果，但如果灵活运用，也能将其转化为巨大的正面能量。事实上，人类历史上一直存在从失败中诞生新技术和新思想并推动社会进步的故事。

　　个人的行为也是如此。失败不可避免，但面对失败的姿态不同，从失败中获得的知识就不同，成长的程度也会大不相同。也就是说，通过与失败友好相处，我们可以抓住机会，飞速进步。

　　不行动便一无所得。有的人极其害怕失败，以至于慎重到什么都不敢做。虽然这样能避免失败，但此人将一事无成，碌碌无为。

　　和这种人相反，也有些人从不考虑失败，选择横冲直撞的生活方式。乍看之下以为其拥有强大的意志和勇气，实则他们是因无知而无视危险，这样只会给周遭带来麻烦。

　　恐怕这种人会不断地重复相同的失败。在现实中有为数不少的人，不直面失败、探究原因，却始终试图用一些借口隐瞒、欺骗周遭的人，这种人无论经历多少风雨都无法成长。

虽说人类无法避免行动过程中出现的失败,但如果失败诱发致命的事故,那么也无法运用从失败中得到的知识。这就需要我们提前掌握一些与可预期的失败相关的知识,在行动中时刻保持警惕,以避免不必要的失败。

理解失败的法则,明白失败的主要因素,在致命的失败发生前采取相应的措施,防患于未然。掌握这些能力,就获得了将失败经验转化为成长的力量。

日后再挑战其他事物时,人类是否能够抛开好恶而再次经历失败?趁事态没有发展到致命问题之前探究失败的原因,思考对策,获得新知识,然后处理失败,那么这段经历定会指引你到达更高境界。重复这个过程,才能获得成长和发展的巨大原动力。

只要人类持续进行生产经营活动,就难免面临失败、遭遇事故。单纯地忌讳、回避失败毫无意义,应该积极寻找与失败和平共处的办法。

希望诸位读者能够通过这本书理解学习失败的重要性。

第一章 何为失败

学习"失败学"的第一步就是定义失败。这一章我将基于我在大学中的实际授课经验,勾画出"失败学"的概要。

"与人类息息相关""不愿看到的结果",这就是失败

在介绍"失败学"之前,我们有必要正确地定义这个词。否则,没有认真理解失败的含义,不利于我们有效地活用其积极面。

总与负面意象联系在一起的"失败",在《广辞苑》中有"尝试做了,却不顺利的事情""没办好的事情""搞砸了""办砸了"等解释。作为日常用语的"失败",理解到这里就足够了,但如果是在"失败学"的体系中看待失败,我们还应进一步寻求更加严谨的定义,让人们能够迅速理解它的特性。

"失败学"中所说的"失败"究竟是什么呢?在这里,我将其定义为"与人息息相关的一种行为,但其未能达成原先的目的"。换句话说,就是"进行与人类息息相关的活动时,出现了人们不愿看到的、预期以外的结果"。关键在于"与人类息息相关"和"不愿看到的结果"。

我们经历过的真实的失败有大有小、形形色色。由于设计人员缺乏知识或不谨慎,导致制造出的机器无法实现

当初预想的目的；会谈时一句不谨慎的发言，激怒对方，导致交易失败；商品策划和销售计划不恰当，导致商品滞销……这样的例子随处可见。

另外，由于没有考虑到降雨因素，导致旅游玩得不尽兴；因为没有仔细看菜谱，以致烹饪失败，这些不足以给周遭带来麻烦的小失败，每天都在我们身边重复上演。

如果对此不以为意，那么小的失败就有可能招致大的失败，最终导致死亡事故或其他惨剧。很多让人陷入恐惧的事故和灾难，最初都是从一些细微的疏忽开始的。

可以说，一切事故和灾难都可以归结为失败的后果。其中，有不少与人类活动无关的自然现象，如地震、海啸、火山喷发和台风等。依靠人类的力量无法避免这些灾害，因此我们称之为"自然灾害"。应该明确这些事物和失败的区别。

但是，在根本性的原因与人类无关的自然灾害中，也有可以归结为失败的部分。例如，大雨冲毁堤坝、地震震塌房屋，这些事故虽然本质上是自然灾害，我们仍将其称为"人灾"。人类制造的东西没有发挥其应有的作用，这种情况也应属于失败。

在出现火山喷发的征兆时,检测火山活动、发布避难通知等都是人类在灾难面前采取的积极应对措施。人为地控制了灾情的进一步扩大这种做法如今已经成为常态。北海道有珠山和伊豆诸岛三宅岛火山活动变得活跃时,就面临这样的问题。

在面对人力无法预防的自然灾害时,如果缺乏恰当的应对措施,如出现火山喷发的征兆时划定危险区域,禁止人们进入,那么在某些情况下可能会出现大量的牺牲者。很多事故虽然归结为自然原因,但实际上,人类的处理方式不同,结果也会大不相同。因此,自然灾害也应看成失败的一种形式。

"失败学"诞生的理由

对于我们身边不断上演的失败,不要一味地否定,而应着眼于其积极面并有效利用,这是失败学的基本立场。

也就是说,"失败学"的宗旨是理解失败的特性,在避免重复不必要的失败的同时，从失败中积累成长所需的知识。换句话说，"失败学"的目标是使人们不避讳地直面充满负面意象的失败，活用失败，将其转化成积极的创造能力。

我切身感受到接纳失败、不以之为耻的做法能让人学到很多东西，由此衍生出了"失败学"这一倡导人们积极地学习失败体验的学科。并不是因为我在学校里开了一门叫"失败学"的课程。

我平日里在大学讲授机械工学方面的知识。为了培养学生的理解能力，我一直在寻找有效的指导方法，在这个过程中，"失败学"应运而生。

起初我没有给它起特别的名字，只是在指导学生的时候传达其精髓。事实上，失败存在于社会的每个角落。我意识到，那些与机械工学无关的失败也是一样，只要能正视问题，就能防止不必要的失败，就能创造出新的事物。因此，我重新总结了这一指导方法。

其实，我当时没想过用"失败学"这个名字。是一次与立花隆先生会面时，我讲了很多关于失败的故事，先生于是道："说了这么多失败的故事，不如就叫'失败学'

吧。"就这样,我引用这个名字,创立了"失败学"这一学科。

为何有必要学习失败

我们为什么有必要学习失败呢?在思考作为"失败学"的基础立场的这个课题上最重要的提示,蕴含在我的亲身体验中。

前言中提到过,我在教学中深切感受到否定失败是行不通的。在实际的教学中,除了传授正确的知识外,还应该让学生去挑战新鲜事物、真实地感受失败,这样才能获得真正有用的知识。

机械工学专业的学生被称为工程师的初学者。同样,设计学的学生是设计师的初学者,经济学的学生是经济学家的初学者。任何学科都是一样,这些初学者的学习与失败之间有无法分割的紧密联系。

其实,如果不给这些工程师的初学者提供标本,让他们自己动手制作，最初谁都无法做出像样的东西，他们一开始就毫无疑问地会面对失败。设计师和经济学家的初学者也是一样，没有模板、没有知识，从零开始进行设计或者投资规划，也多半无法提交像样的作品。

这时就连最好学的人也会觉得"痛苦""艰难""受挫折"，产生很强的挫败感。当然，如果事先给出样本供其模仿，也就是讲授了通往正确道路的捷径，那么完全可以避免让他们受挫折，不过这样一来，学生本人几乎无法学到任何知识。

我通过长年的授课经验发现，采用不同的指导方法，结果的差异十分明显。

从结论来说，最初体验了挫折的学生，能够切身体会到知识的重要性，他们更容易获得在任何场合都能灵活运用的真正的知识。

这种学习方法显然与学生们所习惯的学习方法有所不同。应试教育就是通过捷径学习快速准确地找出既定问题的正确答案的方法，但遗憾的是，通过这种方法并不能让学生真正掌握已经获取的知识。像走过场一样获取的知识，其深层意义没有根植于心，因此其真正的内涵也就无法变成能够灵活运用的、属于自己的知识。

为填补这一知识上的空白,最根本方法还是亲身体验式的学习。学生不应憎恶失败,而应该积极活用失败的经历。

幼儿的教育也是一样。"这样做就不会失败,肯定成功""这样不对、那样不对"这种教育方式所传授的知识仅仅停留在表面。如果不深刻理解缺失的那部分内容,孩子们就无法有效应用知识。在使用这种省时省力的合理学习法时,也应思考它的缺点。

事实上,只要敢于放手让孩子经历失败,孩子们就会开始自主学习,其判断能力也会随之提升。

比如,刀很危险,应当小心使用,因此现在无论是在学校,还是在家里,孩子们都没有机会接触刀具。这样做,的确保证了孩子们的安全,确保了他们不会被刀切到手,但也剥夺了他们经历手被划伤这个小失败的权利。或许没有经历过被刀刃划伤之痛的孩子,无法理解刀的危险性,并在这种状态下成长。

我们应该理解"漫不经心地避免了小的失败,就是在为将来的大失败创造条件"这件事。

推动社会发展的三大事故

在人类成长和社会发展的过程中,失败是无须避免,也无法避免的。人类发展的历史就是经历种种失败并从中学习的历史。回想那些推动社会发展的失败故事,实在数不胜数。

我给工学部机械系的大三新生上的第一堂课就是历数过去的三大事故。从事设计行业的人肯定对这三个事件耳熟能详,它们对于推动科技进步做出了巨大贡献,是社会发展过程中有代表性的失败案例。

美国华盛顿州的塔科马海峡吊桥建成于1940年。当时的美国正经历长期的经济下滑,无法对社会资本重整和地区振兴注入大量资金,而运用吊桥技术可以用低造价建出较长的大桥,这一点让人们充满了期待。不料,这座大桥完工后仅4个月就被秒速19米的大风一口气吹断了。

这座大桥的设计师是当时活跃在吊桥设计领域最前沿的莱昂·莫伊塞夫。这座桥梁如此轻易地倒塌,其直接原因是大风引发的自激振动,而这在当时还是一种未知现象。所谓自激振动,就是风产生的旋涡晃动桥桁,桥桁的震动又引起新的震动，发生共振，产生大幅晃动的现象。

例如，高高飘扬在细柱上的旗帜随着风呼啦呼啦地飘动，水管咔哒咔哒地摇晃，很多人都见过这样的场景。其实这也是自激振动的一种，只要具备一定的条件，在日常生活中也能发生。

事实上，塔科马海峡大桥因巨大震动而倒塌的瞬间被一幅16毫米胶片记录了下来。因为大桥完工以后，相关人士指出其"振动过大"，因此，当时在华盛顿大学进行风洞实验的福克逊博士及其团队在大桥现场设置了照相机，对其进行持续的观测。

通过这份珍贵的资料，以及后来对风洞实验的解析，找出了当时世人未知的吊桥自激振动的机制，这个知识也关乎如今吊桥技术的飞跃进步。随着研究的发展，日本建成了能够承受秒速80米大风的明石海峡大桥，这也是从塔科马大桥的教训中得来的宝贵成果。

这便是一个典型的直面失败，将其转化为飞跃发展的基石的例子。

喷气式客机曾经是时代的宠儿，自1952年DH彗星客机初次投入使用，已经过去了大半个世纪。而仅仅两年后的 1954 年，就有两架飞机相继在飞行中爆炸。这在当时是一件令世人震惊的重大事故，我想应该有很多人在纪录片频道看过事故的记录影像吧。

彗星式客机是由被誉为航空器产业界的幸存者的英国政府自 1942 年起主导开发设计的商用客机。它最初由专攻喷气式客机的 DH 公司主导开发，飞机时速高达 800 公里，拥有高速度、低震动、低噪音等优点，后由英国的 BOAC 航空公司正式投入使用。在事故发生前的 1953 年，在全世界共计有 47 架彗星式客机活跃在蓝天上。

仅仅一年后的 1954 年 1 月，在意大利中部的厄尔巴岛海域发生了第一起事故。同年 4 月，现位于意大利南部的斯特龙博利岛海域发生了第二次坠机事故。因此，彗星式客机被全面停止使用。时任英国首相的丘吉尔称"哪怕掏空英格兰银行的金库，也要彻查事故原因"，赌上政府的威信开展调查。

经证实，事故的罪魁祸首是金属疲劳，这对于当时的人们来说，仍然是一种未知的机制。在高空中，机舱内外存在巨大的压力差，飞机的负荷与在地面时有很大的差距。

塔科马海峡大桥坍塌的瞬间

DH 公司认为只要实施疲劳实验就能解决压力差问题，于是倾尽全力进行耐压实验，机体受到压缩后抑制了龟裂的发生，最终估算出的机体寿命高达实际的十倍以上，在飞行中酿下大祸。

我们在日常生活中一定有这样的体会，有时不使用钳子也能够折断金属丝，只需要反复扭折几次，其原理就是金属疲劳造成的疲劳破坏。金属疲劳有一个不可思议的性质，如果加以十分的力，它能承受百万次，加以二十分的力，估计只能承受一百次，受力不同，结果差别也极大。

自那时起，人们才明白，大多数情况下，机械损坏都是由金属疲劳造成的。不过，彗星式客机的案例中，主要问题是研究人员在与实际使用的状态完全不同的环境下进行耐压实验，计算出了错误的金属疲劳寿命，导致事故重复发生。

通过这个事故，我们可以学到应该尽量在与实际使用状态相近的条件下进行实验，确认品质。虽然查明了事故的原因，但可惜的是彗星式客机事故给人们留下了极大的阴影，其口碑一落千丈。美国的波音公司吸取了彗星式客机的失败经验，将高空的金属疲劳问题整理成知识，占领了航天工具开发市场。这也是一个通过失败中实现飞跃式进步的典型案例。

最后一个失败案例也对后来的技术进步做出了引导性作用。在第二次世界大战中,美国大量制造了自由轮这一荷载约达一万吨的货轮。焊接技术大大加快了造船速度,建成船只多达4700艘。不可思议的是,这些船只服役不久,从1942年到1946年,却接二连三地出现损坏事故。

具体来讲,约有1/4,即1200艘船因船体破损而毁坏。其中的230艘因破损而沉船,永远无法使用,还有的船体甚至断为两截。事故大多发生在北方海域,以及寒冷时节。

人们开展了大规模的调查和研究工作,发现导致这些事故的原因主要是两大物理问题:焊接的缺陷和低温脆性。金属在低温条件下会变得易碎,这一特点被称为低温脆性,是引发事故的主要原因。另外,这种船是由钢板焊接而成的,与原先的铆钉接合技术不同,无法利用铆钉接合处的孔洞阻止龟裂。

很多我们以为是由"铁"制成的东西,实际上其原料都是铁和碳元素的合金——钢。钢拥有很高的强度,可以通过伸缩来抵消外力,保持自身的强度。但是,当温度降低到零摄氏度时,伸缩性就会消失。在这种状态下,对钢施加很大的力,钢无法消除这种外力,就会断开,这就叫低温脆性。

以前在日本,隆冬时节的滑雪场发生过索道车折断的事故。人们意识到其原因就是钢的这种低温脆性,并为解决这一问题进行了一系列的研究。研究取得了成果,基本解决了这一问题,其背后也是从美国自由轮的事件得来的经验。

事实上,自由轮发生事故时,人们还不知道脆性破坏就是罪魁祸首。因此,这个事故引起了很多人的关注。以材料和加工技术为主题的新的研究也在不断发展。自那以后,世界范围内的钢加工技术,尤其是焊接技术有了很大的进步。

那时,将失败转化为进步的关键点是人们没有因噎废食,在事故接连发生之际,没有认为"因为焊接知识不足,我们不应该再制造焊接船"而将技术封存起来。科研人员认真地面对了失败,培育在失败中的发展的种子,推动人类发展迈出了一大步。

青函隧道——失败的智慧

上述三个事故中的自激振动、金属疲劳和低温脆性是机械设计和生产工学等学科中不可或缺的基础知识。这些是工作时必须牢记于心、时刻警惕的问题，如果掌握得不牢固，那么技术人员乃至设计师都会被打上失职的烙印。

我还从过去的这些大型事故中总结出了更为重要的一点，那就是在人们内心触动时传递知识是最有效的教学方法。我在讲授复杂的公式和死板的说明时，发现学生们往往面无表情，不知道有没有听进去，但当我引用过去的事例传达重要的知识时，他们眼睛里有了光彩，听得津津有味。即便没有亲身体验，失败经历仍然具有引起人的关注和兴趣的不可思议的力量。

同时，我也努力在授课时传达失败中蕴含着发展的萌芽这一理念。前述的三个事故就是人类从失败中发现了未知领域的典型案例。即使没有那么大的发现，一个事故、一次失败能带给人的教训和知识依然弥足珍贵。

下面这个话题我在大学讲课时也多次提到，是一个从失败中学习活用技术的例子。因为这是在日本发生的事故，也是发生在学生们身边的事，所以大家都听得津津有味。

连接北海道与本州的青函隧道全长 53.85 公里，是世界上最长的隧道。隧道的修建是以 1954 年洞爷丸台风造成的海难事故为契机的。无法预测的台风致使以洞爷丸为首的五艘连接北海道与青函之间的船只沉没，死者 1430 人，这一事故成为继泰坦尼克号之后的世界第二大海难事故。当时，日本国铁决心不让悲剧重演，作为终极选择策划了青函隧道的建设。经历了 21 年的艰难施工，隧道于 1985 年开通运营。

在施工的过程中创造了许多与隧道施工相关的新技术，这一点已经广为人知。但是，很少有人知道其构造还与日本国内发生过的一起隧道事故有关，也就是说青函隧道也活用了从失败中得来的教训。

那次事故发生于 1972 年 11 月 6 日。由大阪始发前往青森的下行急行列车"北国号"，在当时居世界第六、日本第二长的全线 13.87 公里的北陆隧道中行驶时，发生火灾。

列车共有 15 节车厢，起火位置是第 11 节的餐车。列车长通知乘客火灾发生后，决定在隧道中临时停车，进行灭火。然而，灭火器没能减弱火势，他们不得不摘掉汹涌燃烧着的挂车，在火势的影响下，下行线路的架线停电，列车无法运行，这辆困在隧道中的列车处于进退维谷的境地。

这时，人们开始营救困在隧道中的乘客，并向反向线路中驶过的列车和救援车求助。但是隧道内浓烟滚滚，救援工作举步维艰。火灾发生的13个小时后才终于完成救援工作，包括一名工作人员在内，共有30人死亡，719人受伤，造成了重大的事故。讽刺的是，遇难人员的主要死因不是烧伤，而是一氧化碳中毒。

导致事故险情扩大的原因有很多，其中之一是列车运行方的安全措施不完备。火灾发生时马上停车进行灭火是当时的行驶准则中规定的应对方法。但准则一方面指出应尽量避免在阴暗的、容易充满烟雾的隧道和难以停驻的铁桥上停车，另一方面却含糊地指出"在长隧道中发生火灾时，有时会无法做出恰当的应对措施"。

另一个原因是当时对于火灾毫无应对机制的北陆隧道。虽然长隧道可以靠列车的通过等方式换气，但隧道中竟然完全没有配备换气、排烟系统。另外，隧道中无法使用无线通讯，只有每隔300米设置的铁路电话供非常时期联络，这也是不完备之处。

如果还有其他因素，列车的车厢使用了易燃材料，以及没有准备架线停电时能使用的动力车，这些问题点也值得关注。事实上，对于这几点问题，当地负责消防管理的人员曾再三就防灾对策提出迫切期望。然而当时的日本国铁对此置若罔闻，表示会"进行商讨"，却没有提出任何对策。毫无疑问，这也是招致如此大的事故的一个原因。

事故原本是不应该发生的。但是，能够活用已经发生的失败，采取真诚地向其学习的态度的话，就有可能从失败中孕育出发展的种子。这是我通过本书最想强调的一点。

事实上，以此次事故为契机，日本国铁提高了安全意识，制定了一系列应对措施。如全面停用与起火车厢相同型号的餐车，新制造的车辆全部采用不易燃材料；行驶准则的相应规定也改成了如果在隧道中发现火情，不应停车而应立即驶出隧道，等等。对于长隧道中的火灾应急预案也是一样，事故后确保备用动力车、排烟设备、逃难路径等，陆续提出了一系列方针。

这其中最重要的对策是设置了与运行线路并行的逃难隧道。要知道，如果没有这一隧道，无论采取怎样的对策都不能从本质上解决问题。青函隧道的建设就汲取了这一经验。距北海道出口 41 公里，津轻海峡海底 140 米的龙飞海底站，在用于施工的同时，也担任着青函隧道本线的备用地下道。它被称为"体验地下道"，正是从北陆隧道列车火灾事故中得出的教训而建成的紧急避难通道。

基于"失败学"的东京大学机械专业学习法

回顾历史，我们可以发现社会就是从失败中发展起来的。个人的成长也是一样。如前文所述，首先体验失败，而后从中学习，这一过程会给个人成长带来很大的帮助。

基于这样的想法，我在东京大学工学部机械专业授课时，也留意让学生们经历失败。其中一个方法就是小组体验式学习，四人一组，在规定的预算内自由设计并制作系统。

这一任务的关键在于，老师不可以将课题设置得过于详细。

比如，设计"在控制计算机的同时，还能做其他操作的系统"这类课题。至于具体是什么动作、使用哪些部件，教师一律不予规定。这样一来，每个小组就要自主决定命题，学生们不得不绞尽脑汁设定一个课题。

顺便一提，我给每组的预算只有 3000 日元。学生们手握有限的经费，在秋叶原的电器街左思右想，购买需要的电器部件，开展课题。

决定课题以后，他们就开始进行设计和制作，在规定的期限内按照自己的想法努力做出可以运行的系统。

在这个小组学习中，有时会让学生制作名为斯特林发动机的硬件，其原理是以酒精灯产生的热能作为动力源来输出动力。而利用这个热气机制作什么，也是学生的自由。随后，自行设定课题并设计产品的学生们，又握着有限的预算逛起了东急百货。在不断提出自己的想法的同时，小组成员制作出以斯特林发动机为驱动的硬件。

在演习的课堂上，各个小组会展示体验式学习的制作成果。结果，几乎没有小组能够成功按照自己当初的计划运行系统、制作元件。有些小组能勉强地让机器动起来，其他各组不论做什么，都无法让机器发动。

如果有一个范本让他们模仿，那么以他们的水平可以简单地完成课题。指引通往成功的捷径，一直以来被称为合理的教学法就是这种风格。虽然这样也能让学生掌握一些知识，但也仅限于表面的知识，离开了能够模仿的样本，就无法应用这些知识了。从零开始的创作是一件无比困难的事。

这份失败，对学生而言是宝贵的体验。获取知识最有效的办法就是亲身体验。事实上，经历了失败的学生们都会带着"为什么我设计制作的系统无法运转呢"这样的问题进行深入的思考和讨论。小组学习真正的目的也正在于此。这一学习方法给予了他们宝贵的机会，让他们以失败体验为基础，学习机械设计制作所必需的知识。

即便投入巨大精力，也有学习失败的意义

我再介绍一个东京大学机械学科的体验式学习的案例。它叫作"产业实习"，是在诸多企业的协助下实现的。其中最热门的是在日立建设机械和小松制造厂的协助下完成的

"赏玩建设机械"。

"赏玩建设机械"的实质就是学生们到上述两个公司的研究所实习两周,实际接触推土机、挖土机等重机械。学生们接受相应的安全教育后,首先开始实际操纵器械。然后进行分解和组装作业,尽可能多地进行实际体验。最后,学生们进行演讲,主题不限,他们要通过学习找到适合自己的课题。

产业实习广受参与的学生们的好评。他们触摸并操控了之前从未接触过的大型机械,内心大为触动。在这里他们也经历过现场分解重机械,组装后却不能运行的失败。可能是少了一个零件,可能是装反了一个齿轮,他们对于这些原因导致的机械停运有了切实的体会。

事实上,这项教育的经费为每人几十万日元,费用全部由企业承担。企业方让学生们使用操作员研究用的场所和机械,指导完全不具备操控知识的学生进行从操控到拆解、组装,这是很大的劳动力投入。这两所企业认同了我培育未来工学技术人才的梦想,因此全力提供帮助,实在令我佩服。

前面提到的小组体验学习也是这样,其实这种动手式的教学方式对于讲师一方来说是十分麻烦的。用最快捷的方式告诉学生既定问题的正确答案这种老式的教学方法于教师而言，要轻松几十倍。

只是出于这个原因就选择这样的教学方法，学生们并不会带着兴趣去学习。而不仅限于"灌输"知识的体验式学习会让他们觉得"虽然麻烦，但收获颇丰"。

更重要的是，东京大学是依靠日本国民的税金支撑起来的教学场所，即便教师们要承担一些责任，也应该以追求高质量的教育为目标。我一有机会就会跟学生提到这一点，教师与学生一起学习、共同进步的教学方式，才是教育原本的形式。

印象深刻的失败谈能够促进学生成长

大学的教学，尤其是工学专业的实验很容易发生事故，利用过去的事例进行安全教育是最有效的。正确地传达失败信息是避免日后再次发生事故的重要一环。

虽然导致死亡的情况极少，但大学作为工学工作者的摇篮，的确很容易发生由无知导致的事故。距今大约30年前，我们实验室用铝进行铸造实验时，就发生过这样一件事。

实验的目的是往铸模里注入融化的铝时，观察其温度变化。以螺栓固定铁框，和了水的黏土填上缝隙以防止铝液漏出。向铁框注入加热过的铝时，引起水蒸气爆炸。由于需要使用煤气喷灯烘烤，才能让黏土变得干燥，所以才发生了不充分爆炸，炸起的铝直冲天井，700度的高温铝液对着一个学生迎头浇下。

万幸的是，学生只是失去了头发，有一些烧伤。但是，以30年前的这个事故为契机，工学部的安全管理也做出了很大的改善。在此之前，无论是在实验室还是在大学，都没有放置在紧急时刻应如何应对的指导手册。事故发生后，我们实验室制作了关于出现人员受伤事故时应该联络何处、如何联络的手册，不久后，将其推广到了全专业。

另外，有学生徒手触摸氢氟酸导致受伤，这也是用铝进行凝固实验时发生的事。这个学生在观察氢氟酸腐蚀过的结晶组织时，由于缺乏氢氟酸的相关知识，操作时过于草率，立刻感到剧烈的疼痛。

氢氟酸在与皮肤接触时，可以不留下外伤而渗入皮肤，直接融化骨骼。如此恐怖的药品，在某企业的建议下，在事故发生前的 3 年时间里，学校内进行相同的实验时，一直佩戴双层药品手套，谨慎对待。

然而，随着新学生的到来，这个注意点却在学生们的口口相传中渐渐淡化。不知道什么时候开始，学生们不再传达氢氟酸的恐怖之处，有人直接徒手接触氢氟酸。表面性的知识很难传递，这就是一个典型案例。

受伤的学生到十分熟悉氢氟酸灼伤治疗方法的学校医院去接受治疗时，被告知他必须在切断手指和持续向指甲缝里注射钙这两个方案中选择一个。任谁都不想截断手指，然而往指甲缝里扎针，无异于一种严刑拷问，学生当场脸色铁青。即便如此，他也只能接受治疗，花了两个月的时间才痊愈。

我对学生们说起这个事故时，他们脸上浮现出的痛苦表情，好像自己的指尖也被针刺了一样。那些伴随着痛苦的经历，即使发生在别人身上，也会让听者的内心有所触动,在这之后,没有学生粗心大意地对待药品了。

最后,我还经常跟学生讲我自己的失败经历。在使用磷青铜这种金属材料进行材料的压缩实验时,发生过破损的样品剧烈喷涌的事故(请参考89页图)。而且,当时碎片几乎贴着我的耳根掠过,危险之至,无异于与死神擦肩而过。

在明知道有危险的情况下,为了调查材料的破坏性质时,将通常的拉伸实验进行压缩处理,以及没有给试验机配备防护用的罩子,导致了事故发生。明明是为了促进学生理解知识,让他们观察得更加仔细进行了相反的操作,却引发事故,实在是愚蠢至极。

在实验的过程中,在我旁边的学生觉察到了实际压缩发出的异常的嘎吱嘎吱声,早早避开了。而后,碎片立刻经由他原先所在的位置飞了出去,如果他没能预测到危险,那么即便没有生命危险也会身受重伤。这是我作为指导人员需要深刻反省的事故。

事实上,包括这一事故在内,我所在的实验室对后入学的学生讲述过去发生的失败事件时,都不避讳地使用失败者的真名。这个实名报告的好处主要有三点。第一，能给听者留下真实且深刻的印象。第二，感兴趣的人想了解具体内容时，可以直接向失败者本人咨询。第三，以实名讲述失败，可以形成不隐瞒失败的良好文化氛围。

有趣的是，实验室中很多人都是因为"经历了某某失败的某某前辈"而被记住的，校友与现任学生间没有隔阂。虽然没有亲身体验，但也能获得切身感受，我想这也是拜失败学习所赐吧。

第二章
失败的种类与特征

失败有许多种类和特征。为了更好地了解失败，掌握失败的种类和特征十分重要。在本章，我将详细说明失败的种类和特征。

失败的阶层性

2000年6月,日本关西地区发生了大规模集体食物中毒事件。知名食品制造商雪印乳业在其人气商品低脂肪牛奶中混入了金黄色葡萄球菌,引起社会哗然,这一事件被称为"雪印集体食物中毒事件"。

事件发生后,各方媒体齐聚,做出了查明原因的报道,但作为商品制造商的雪印大阪工厂对于究竟是什么原因导致中毒,始终没有给出明确回应。大阪府警方意识到事态的严重性,对其进行搜查,在中期报告中有力地指出,北海道雪印大树工厂制造的可作为脱脂牛奶原料的脱脂奶粉存在问题,导致低脂肪牛奶出现问题。但不管怎样,通过雪印公司的发布会,我们可以确信其卫生管理存在大量漏洞。

事实上,在事故发生后的十天多,报纸上刊登了一封来自雪印公司职员家人的投诉信。其内容十分有趣,在此摘录如下。

我是雪印乳业大阪工厂中一名工作人员的妻子。现在，众所周知，雪印乳业的制品造成了严重的中毒事件，关于事态为什么会发展至此，我想说说我的看法。

造成"卫生管理漏洞多"的最大原因是职员们每天都在加班，我的丈夫每晚十点到十一点回家，还没能好好休息，第二天就又要早早出门。年轻的女员工也要承受这种工作强度。公司只追求业绩，上司一心自保，将卫生管理放到最后的最后。

劳动基准法是为谁而设？公司完全无视每天的过度工作，最终，疲惫不堪的员工偷工减料，这就形成了卫生管理的漏洞。

看到丈夫这样，我一直都觉得，这样的事情迟早会发生。包括我在内的职工和职工家属应该也都是这样认为的吧。

社长为重获信赖而用尽全力，只说好话。但最重要的是给员工创造良好的劳动条件，让员工能在正常的时间段内下班回家，充分休养，第二天早上在彻底消除疲劳的状态下，充满精神地上班。在此基础上对员工进行规范教育，自然重新获得社会的信任。

如果做不到这一点，同样的事件还会继续上演。

希望通过媒体，雪印乳业能够认真反省。此致。（2000年7月12日 摘自《每日新闻》大阪版晚报）

集体食物中毒事件中回收的雪印乳制品堆成了山（由共同通信社提供）

我之所以对这封信感兴趣，是因为信息来自职员家属这一与遭遇失败的当事人最为亲近的人。并且，在全社会都关注公司卫生管理问题的时候，信中更进一步地探索问题的背景，引起了我的兴趣。

我在此引用匿名发往报社的这封信件，是为了解释失败的阶层性这一特征。

请看37页的图示。考虑到对周遭影响的大小，一次失败可以说是在多种原因的影响下造成的，而这些原因具有层次性。这幅图一方面展示了失败的表现形式的阶层性，另一方面也反映了失败原因具有的相同的阶层性。

金字塔的最底端反映的是日常规律性活动中会不断出现的微小失败的原因。这些原因包括无知、不小心、未遵守规章、判断失误、商讨不足等，总而言之是流程错误和误解等因失败者个人的责任引发的失败。

真实的失败一般不是由单个原因引起的，而是多个原因复杂地交织在一起，以人们不想看到的形式出现。雪印乳业的问题也是一样，虽然几乎所有的失败都是由个人的失误引起的，但其背后隐藏着更大的问题，这样的案例也屡见不鲜。

图示金字塔的中部表示的就是这种情况。从中部向上所示的失败原因，有组织运营不良，企业经营不善，行政、政治上玩忽职守，不适合社会系统，未知的遭遇等。金字塔的底部属于个人责任，越往上，失败的原因越带有社会性。同时失败的规模和造成的影响也层层递加。

例如，某工厂在作业中发生事故，造成人员死伤。平时不可能发生的事故在那天碰巧发生了,其直接原因也许是造成事故的人在操作中判断失误或者没有留意,属于个人的责任。

但是,事故背后,共同进行作业的小组往往没有在觉察到危险时及时采取安全对策。也可能是管理者让还不熟练的人操作机械等属于组织运营上的问题。

继续追溯,就会找到推进这种作业环境的企业的经营不善的问题上。一心只顾眼前利益而削减成本,以义务加班等形式增加员工的工作强度,这也是引发事故的原因之一。

这个问题严重到一定程度,在一些情况下,作为监督方的行政部门也应负玩忽职守的责任。对于雪印乳业引起

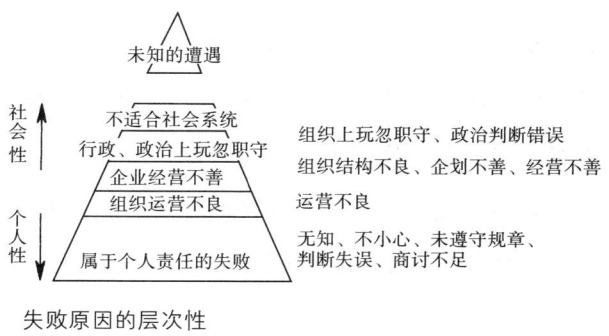

失败原因的层次性

的骚动，我认为行政方面就存在这样的问题。

几年前，一种被称为O157的日本尚未熟悉的病原性大肠杆菌造成了食物中毒事件，当时日本的保健所迟于应对，导致关西地区感染者增多，我对这一事件记忆犹新。严格来讲，行政措施却总是落后一步，也是导致关西地区再次大规模地爆发集体食物中毒事件的原因之一。

事实上，在最初发现问题时，行政部门没能立即发出召回可能造成集体食物中毒的雪印乳业问题牛奶的指示。可能其中有外部无法得知的技术性难题，但O157事件中那辛酸的"因应对不及时导致事态恶化"的教训对这次的骚动完全没有起到作用，我对此深感疑惑。

这种情况下，追查一次失败的原因的话，会发现其背后存在复杂的阶层性。这里必须注意的是，很多时候处在某一阶层的人害怕承担责任，会将失败责任向下方转嫁。

最近医疗事故频发，医院方面不承认自己管理不当、经营不善，将问题一概归为护士的失误，这类事例也屡见不鲜。如果不能理解层次性中存在的这一问题，也就看不到真正的失败原因，这无疑也是失败的一个特性。

好的失败，坏的失败

失败分为"可以被宽恕的失败"和"不能被宽恕的失败"。简单来说，也可以理解为"好的失败"和"坏的失败"。

请再看一遍 37 页的图。"未知的遭遇"这一部分位于金字塔顶端，与下面分离开来。"好的失败"就包含在这与未知的抗衡中，它指的是即便万般小心，也无法避免的失败。

当然，即使是"好的失败"，也可能把人们卷入事端，导致生命的牺牲。第一章中曾提到，彗星式客机两度坠毁，夺走了 56 人的生命。这一事件不仅造成了人员伤亡和经济的损失，还给当时社会带去了极大的恐慌和负面影响。

尽管如此，我仍然敢于将其归入"好的失败"，这是因为人们从事件中有所学习，可以运用其经验发掘未知的领域，最终成功地挖掘出未知领域的知识。这一功劳与后期技术上飞跃式的进步密不可分，因此我们一方面痛恨失败所造成的损失，另一方面也必须认可失败能够产生新的知识。

可以被归为"好的失败"的还有遭遇"对个人来说的未

知"。金字塔层次图中最底层的一组是指个人的无知和失误引发的失败。当然，犯错误的人多多少少会受到惩罚。但仅有责备是不够的，一个人成长过程中必经的失败，应该被认为是"好的失败"。因此，必须避免徒劳地追究其责任。

不经历失败，不足以语成长。成长的背后一定会经历小的失败，这些失败会将一段段经历变成自己的知识。从小失败中得到的知识能修正自身前进的轨道，不仅可以避免日后大的失败，还能将其转化为成功。

失败与成功，乃至发展的关系，与生物学中个体发展和系统发展的构成原理相似。人类的婴儿在母亲的体内不断进行细胞分裂，经历鱼类、两栖类及其他哺乳动物类相同的发育过程，最终变成人的形态降生到世上。因个体发生历经十亿年才完成的进化进程，人类胚胎用不到一年的时间就重复了一遍。

在这一进程中，与鱼类、两栖类及其他哺乳动物类相对应的部分，可以看作从失败中获得的知识。归根结底，即便人类在漫长的历史中已经经历过的事物，在每个个体成长的过程中，也必须让其再经历一遍所谓"失败体验"的相同进程。

比如，这个世上有些人生来就坐在总经理的位置，但他们并非生来就具备领导的资质和才干。一个人想要成为公司的领导，必须从普通职员做起，层层晋升，经历所有职务，获得相应知识。这也就是前面所说的不断经历小失败、掌握知识的过程。没有这些知识却空摆领导架子的人，不过是装模作样罢了。

人类的成长过程中，有些失败不可避免。这就是"好的失败"，或者说"必要的失败"。因此，为了促进成长和发展，有必要不断地体验"好的失败"和"必要的失败"。

与"好的失败"相对比的是没必要经历的"坏的失

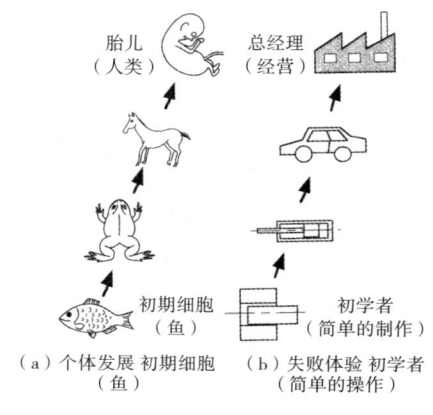

个体发展与失败体验

败"。"坏的失败"是什么呢？简单直白地说，不属于"好的失败"的就全部归为"坏的失败"。

什么都学不到、仅仅因为不注意或判断失误而造成的重复失败，即便它小到只对个人产生影响，也属于"坏的失败"。不断重复那些对于本人来说完全没有意义的经历，有可能养成不断重蹈覆辙的恶习。

另外，那些虽然对个人来讲有意义，但会给周围带来不良影响的事情也应该避免。为了个人的成长而让周遭蒙受伤害的行为是极其不可思议的。将获得的益处和害处相比较，如果害处压倒性地多，那么这种失败也属于"坏的失败"。

在失败的阶层图的中部以上，从组织运营不利到不适应社会系统，都属于"坏的失败"。

总体来说，人应该从最初经历的失败中获得知识，并注意不要让某个失败造成致命影响，同时从小的失败中积累经验。另外，那些从"坏的失败"中得来的经验徒劳无功，积累这类经验于个人成长无益。

原本，可以作为经验用于学习的"好的失败"原本就少之又少，我们还需要稍加些自己的阅历，借鉴他人的典型失败案例，才能够充分理解失败经历中最本质的部分，将其变成自己的知识。

失败原因的分类

为了学习并灵活运用失败经历，我们有必要分析并理解失败本身。

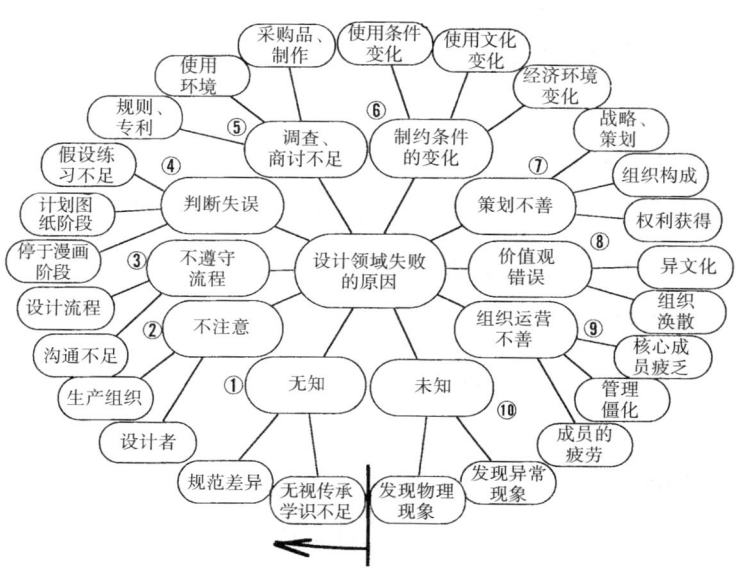

上图从另一个视角诠释了37页的失败原因的阶层图。图中展示了设计领域中各种失败的原因，而世间所有的失败原因也大体如此。

将失败的原因分类，基本可以划分为以下10种。其中，除了第10项"未知"以外，其余各项随着编号的增大，判断失误的程度升高，大数字归属于总经理等组织机构领导。

1. 无知——大家已经知道了失败的所有预防策略和解决办法，本人却因为不学习导致失败。为防止这种失败，除了学习别无他法，但如果因为太害怕这种无知带来的失败，而将全部精力用于调查或学习，不付诸行动，这样做比起因失败而失去的东西，更重要的是失去了干劲儿和时间。

2. 不注意——只要充分注意就能避免问题，却因怠慢疏忽而导致失败。因为身体状况不好或过度劳累，抑或在繁忙中焦躁不安，失去了平常心，最终因注意力不集中而导致失败。

在进行有生命危险的工作，为避免因不注意导致的失败，可以考虑临时中止作业。边打瞌睡边开车就是最有代表性的例子。

3. 不遵守流程——未遵守规定好的事情而引起的失败。

尤其常见于集体活动时，因无视纪律而自顾自地行动，酿成了失败的恶果。

为了防止这类失败，企业务必将操作顺序制作成指导手册，努力确保任何人进行这项工作都不会失败。但随之而来的问题是，采取这种管理手段让操作行为固定下来，照此操作的员工会陷入"只要遵照指南就万无一失"的错觉，以致发生意外的情况时无法采取恰当应对，这一缺点也有必要加以注意。

4. 判断失误——没能正确把握状况，或正确地把握了状况却判断有误，由此引起失败。由于用以判断的基准和顺序错了，导致判断结果有误。俗话说的"考虑不周""思考漏洞"导致的失败也属于此类。

防止这类失败的办法是在脑海中思考各种可能发生的状况和结果，进行假想演习（这个词会在第五章详细介绍）。

5. 调查、研讨不足——进行判断的人因缺乏理应知道的知识和信息而引发的失败，或者由于没有进行充分商讨而衍生的失败。

优秀的决策者会预想到自己判断失误时的情况，并且充分考虑相应的处理方法。这样一来，如果真的失败了，也不会惊慌失措。

6. 制约条件的变化——在创造事物或策划时，肯定都是从预设某种制约条件开始的。起初设定的制约条件随着时间的推移而发生变化，由此造成了不愿看到的结果，这就是因制约条件变化而引发的失败。

例如，对于经营进出口商品的企业，汇率的大幅变动会给事业带来巨大影响。为防止这类失败，可以进行能够分散风险的期货交易以应对汇率变动，或变更海外生产地点等，公司负责人应在预见到变化的基础上建立商业规划。

7. 规划不善——没有规划或规划存在问题而导致失败。

在任务分配明确的企业等组织中，一般情况下，实施者位于规划者之下。这样一来，如果规划得不好，无论实施者怎样努力都无法获得进展，实际中人们却把失败原因归到毫无责任的实施者身上来作为善后处理，规划不善而引发的失败对于实施者而言实在痛苦至极。这种情况尤其容易发生在权力集中于顶层的组织里。

8. 价值观错误——由于自己或自己所在组织的价值观与周围不符而引发的失败。只依赖过去的成功体验，过度关注组织内部的纪律，无法从经济、法律、文化等方面做出常识性的评价,很容易陷入这种失败。

由价值观错误而导致的失败最近常见于行政机关,药物传染艾滋病就是典型的事例。原本国家的行政机关应该以国民的利益为优先,但他们没有站在患者的立场,只考虑制药公司等商家的利益,允许流通被HIV病毒污染的血液制剂,导致患者病情恶化。在作为企业的指引者之前,政府首先应该保证国民的利益,日本的国家机关目前欠缺这一价值观。

9.组织运营不善——组织自身不具备推动事物发展的能力,由此引发失败。最严重的是组织的领导者不把失败当作失败,因忽视失败导致事态变得严重。

在泡沫时期因实行扩大事业失败而破产的大型百货公司接连出现,以及前文中提到的因缺乏对策导致受害范围不断扩大的雪印乳业集体食物中毒事件,这两起事件都可以归结为组织运营不良。它们全都是由于组织的首脑的判断失误,没能下达修正组织运营的决策,导致事态不断恶化。

10.未知——尚未被世人所知的某种现象及其原因,由此引发的失败。

回顾人类历史，人们在遭受未知原因导致的失败后，才德之辈总能彻底地找出原因和机制，找到预防对策，在此基础上构建了文化。从这种意义上讲，我们不应厌弃因未知导致的失败，应该把它当作创造文化的宝贵食粮。

诱发大失败的树状图

遇到某个新课题时，极少有人能立刻直观地理解。大多数人利用树状图，依照其顺序理解事物。

用树状图整理思路是一个好方法。甚至可以说，如果不用树状图模式按照部分来分别整理思路，那么人类就无法掌握从整体上理解事物的能力。

树状图适用于社会生活的方方面面。那些传达知识的学科基本上都是用系统性的树状图结构来整理归纳的。例如，人们制造的汽车，因为其发动机和车体等都是由许多零部件系统地拼凑而成，为达成某个目的，就可以用树状图进行说明。

另外,一个组织为有效率地达成目标时,树状图也能发挥重要作用。军队就是很好的例子。在建立公司、机关等组织时也可以使用树状图,各个部门被分配到不同的任务,用不同的系统汇总,许多组织机构就是这么运作的。

话虽如此,我们必须注意,树状图仅仅是一种将对象整理成简单且便于理解的事物的方法,实际的概念和情形往往复杂得多。

如下图所示,实际的概念和情形中,其系统最末端的事项之间也必然有着看不见的关联。如果只理解了树状图

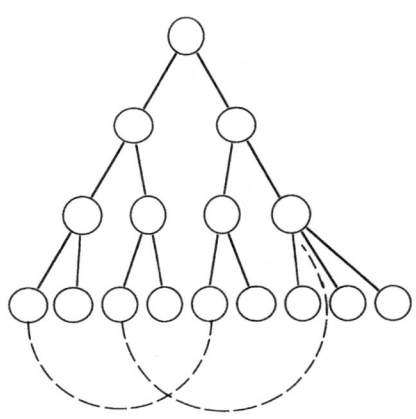

树状图中充满实际看不见的紧密联系

中的内容，而忘记这些隐含的关联，那么你立刻就会尝到苦头。

事实上，分析失败原因时，我们会发现，很多时候人们都在树状图的咒语中产生了自己已经全盘理解的错觉。换句话说，树状图的弱点是以失败这一现象显现的。

以企业中的失败为例，我们再来详细看一看树状图的问题。一个很常见的例子是，某个岗位的失败信息没能传达出去，其他岗位立刻遭遇了相同的失败。

如下图所示，应用于组织中的树状图规定了各个系统的职能，并有意识地切断横向的联系。相关人员不需要拥有很多知识，只要理解自己负责的部分就能完成工作，公司以效率第一的理由，有意识地消除了各岗位间的相互关

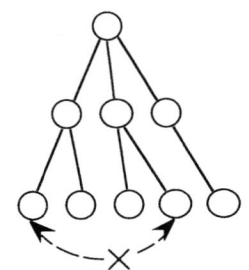

无法传达其他岗位的失败

联。销售负责人不具备制造方面的知识，制造人员也对销售一无所知，如今这种十分重视效率的组织十分常见。

而且，在实际的公司运营中，为保证企业活力，各岗位间还会引进竞争机制，进行业绩比拼。这样一来，岗位间的关联就更弱了，甚至隶属于同一系统的相邻岗位间也不再互相传递信息。

切断各邻国间的关系，有意识地建立对立关系以控制他国，这是过去罗马帝国用于支配殖民地的方式。这个系统中，处于高位的领导者能够高效且自由地进行控制，但如果没有共享失败信息的对策，那么下属很容易陷入不断重复无意义错误的恶性循环中。这也是这个系统的缺点。

另外，切断了树状图中各个中间职位之间的联系的组织，也可能因这些隐藏的联系而走向失败。例如，制造汽车时，工厂往往将发动机、电子配件等部门分开，针对每种零部件还会进一步细分。但事实上，机械中的每个零件之间都有着看不见的紧密联系，一个零件的运转可能会给其他零件带来不良影响。很多失败就是由于没有意识到这看不见的联系而造成的。

看不见的联系

比如，即使发动机本身没问题，但活塞部分产生热量，对周围的电子部件造成了不良影响，导致机械失灵，这种情况在现实中也时有发生。发动机和电子部件之间原本在温度上有很紧密的联系，如果忽视这种联系，单纯让发动机主管和电子部件主管分别开展工作，那必然会引发失败，继而诱发更大的事故。

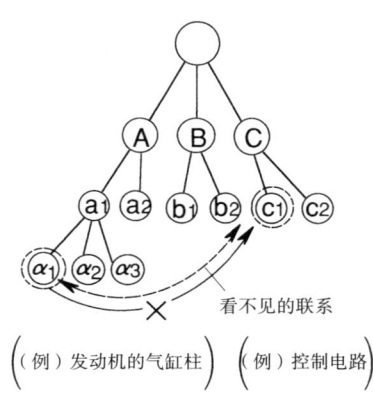

不留意零件间隐藏的联系

中途改变是万恶之源

由树状图引发失败的情况还有一个典型案例。那就是明确分担了工作任务,但因中途改变规划或方案而产生问题,现在生产操作中的失败基本都是这样的情况,可谓万恶之源。

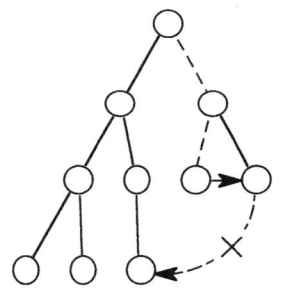

中途改变是万恶之源

以树状图结构进行管理的公司,一旦某个岗位要在作业途中更改定好的某项内容,其变更内容则会成为依照组织中的信息网来正确传达的场面话。但实际上,这一传达经常会有漏报、迟报现象,这样很容易引发失败。

就像前文中提到过的那样,即便是工厂中完全不同的两个流水线，零件与零件之间也有着密不可分的联系。但是，很多组织中，不同流水线上的各部门间几乎没有交流，一个部门为改良技术而在中途改变规划时，如果不把这一信息传达给其他的部门，就有可能引发失败。

这种失败也常表现为安排疏漏、联络疏漏等。在人事变动时，前任者和后任者工作交接不利，由于订单疏漏等问题而导致工作全面停滞，但其他的相关部门居然没有一个人注意到这个情况。

安排疏漏、联络疏漏这些情况在日常工作中随处可见。现在正读着这本书的你想必也是这样认为吧。为防止这种安排疏漏和联络疏漏，"马上行动"是最好的办法，但在实

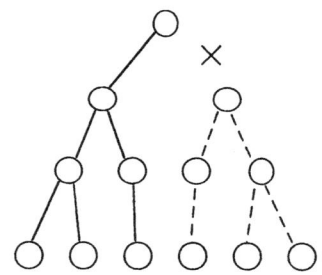

没有人注意到安排的疏漏

际中人们总是被手头的工作搞得团团转，最终就把这件事搁浅了。

我以前经常发现有人把线卷在手指上，这是用于防止出现上述问题的智慧之举。这个人遇到需要跟他人联络的情况时，就在手指上缠一条线，用这个标记提醒自己不要忘记。这样一来，不仅本人不会忘记，周围人也会发现"哦，这个人稍后还有些联络事宜要处理"，这是个绝妙的办法。顺便一说，我现在如果碰到需要稍后联络的事项时，一定会在醒目的地方贴一个便签来提醒自己。

安排疏漏、联络疏漏这类事件频频发生，其中典型的事例发生在日本青森县六所村一家正在建设的核燃料再处理工厂。这个事件在日本全国性的报纸中几乎没有被提及，但在青森当地有很多报道。

在六所村再处理工厂设置的废液缸由日立制作所承包制作，而日立制作所在自家工厂进行组装作业时，由于制作过程中的设计变更和联络疏漏，忘记安装一个本应装在废液缸内部的零件。虽然使用时没有发生异常，但却触动了周围居民对核安全问题的敏感神经，当地知事也发出抗议，引发了一系列骚动。

这一连串骚动就可以看成树状结构的组织所表现出的缺点。

以树状图为结构的组织，每个人承担着明确的职责。在这种分工明确的组织中，需要员工切实完成所交代的任务，更需要其与各部门传达准确的信息。并且，在这种组织中，调整每个人的分工业务、统筹编排全体成员的控制部门不可或缺。

或许在这个案例中，就是由于在树状结构中作为枝叶的负责人没能做好其本职工作，以及控制管理部门没有收集信息、检查确认的系统而导致的。

弥补树状图的缺点

为避免这些树状结构的组织中容易发生的失败，有一个详尽知晓树状图中看不见的关联并负责管理、监督全体人事行动的机构十分重要。原本，在企业中担任这一职责的是作为领袖的总经理，几十人规模的公司也就罢了，如果要管理项目繁多的大公司、部署复杂业务，单凭一己之力，即使是超人也无法完成。

如此想来，在操作现场也有必要培育一些能够扎实地把握要点、避免全盘失误的人才。如果组织经营中没能利用这样的人才，那么必定会落入树状图的陷阱，无法规避重复无谓的失败。

丰田汽车的CE（首席工程师）制度可以说是大企业中克服这类问题的独特案例。CE，即开发新型汽车的负责人，他们的职责是从确定做什么样的车这一概念开始，到向规划师、设计师、熟练技工传达这一构想，继而引领着全员向目标进发。丰田汽车共有职员七万人，其中仅仅十几人有这样的职责。从职务上看，他们也不过是员工而已，却在汽车的开发方面有着极大的发言权。

组装一辆汽车，需要综合理解车体、发动机、电子机械等所有构成要素，还需要具备设计等方面的知识。当然，需要理解制造车辆的所有过程，并且成为CE的人具备这些知识。但是，无论多么有能力的人，也无法详尽地掌握像汽车这种由多种配件组合在一起的复杂机械体系。在实际工作中，CE需要具备在对各岗位有一定程度了解的基础上，有效调整各部门间利害关系的能力。

CE 制度与培养能全面理解问题的人才息息相关，而丰田汽车能够强势地席卷全球汽车市场，想必也与这一理念密不可分。

通过我们惯用的树状图来理解事物，仅仅能看到事物单纯的表象，无法注意到其隐含的联系，因而诱发失败，这就是树状图结构的缺点。全面理解这些隐含的关联，也就掌握了全面把握事物的智慧，对避开未来的失败和从失败中获取新知识十分重要。

这一方法将在后文详述。

失败在成长

不知道读者是否听过海因里希法则？在一起重大事故的背后，必定隐藏着 29 个轻微的事故，而这 29 个轻微的事故其背后又存在 300 个事故隐患。这一规律被称为海因里希法则，指的是通过经验推导出潜在的劳动安全事故显现化的概率的思考方式。

这种情形最简单的表述就是"危险隐患""心有余悸"这些提醒人们多加留意的词语。在日语中，这些词汇其实是从"吓出一身冷汗""冷不防"衍变来的，传达了潜在的危险和失败的含义。另外，这些词汇还有助于让人们自觉地防患于未然，是很有趣的表达。

事实上，失败也大体相似，存在着"失败的海因里希法则"。以企业为例，每发生一件登上报纸的大型失败，其背后必定有29件轻微投诉（顾客对企业不妥当行为的指控），而其背后，也必定有300件虽然没有接到投诉，但让员工感觉不妙的潜在失败。

劳动安全事故这个1∶29∶300的发生率能直接与失败相对应，其根据是"放任不管的失败会自行成长"这一失败的特性。

登上新闻的事故和纠纷往往给人一种"某一天突然涌现出来"的感觉，事实却不是这样。人们回顾过去，发现从没发生过这类事件，前面介绍的雪印乳业集体食物中毒事件和JCO临界事故就是如此。我们与其说是在探究这些最近频发的企业危机的原因，反而会发现"迄今为止没发生过事故"。

这样一来，如果能在觉得"不妙"的时候采取一些防范失败的措施，那么失败就会停止成长。但如果放任不管，即便是微小的不妥，也必定会引发影响力更大的控诉事件，生出重大失败的萌芽。

这时仍没有采取对策的话，失败就会愈演愈烈，变成让周遭蒙受损失的致命事故，这就是"失败的海因里希法则"。那些震惊世界的事故和纠纷，其背景很大程度上与这一法则的结构类似。

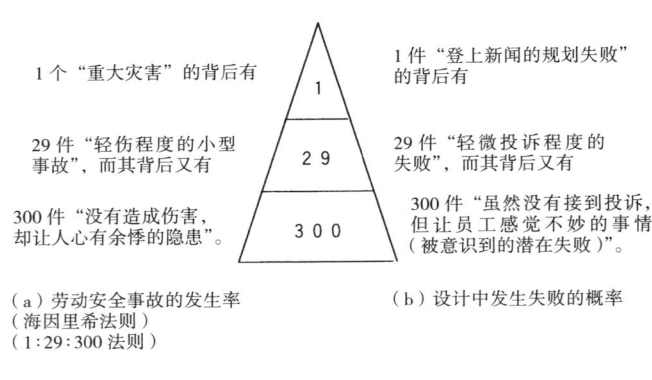

海因里希法则
（从劳动安全事故的发生率推导在设计中的失败的显现化概率）

失败的成长就像盛满水的大坝。小失败的水流注入大坝时，如果及时采取放水的对策，那么完全没有大坝被冲垮之虞。如果此时没有采取对策，放任水流继续注入，大坝中的薄弱区域就开始溃散了。如果还不放水，继续袖手旁观，到达某个临界值时，大坝会开始决堤，一口气走向破灭之势，涓涓细流发展为无法挽回的巨大毁灭。

失败是可以预测的

但是，如果失败是与人们的工作和生活息息相关却又让人不愿看到的现象，任何人都会想着"尽可能不愿让它发生"。很多人会想如果能提前预测失败该有多好啊。我本人认为预测失败绝对可行。

发生大型失败时一定会出现预兆。海因里希的法则中就说过，1个重大失败的背后包含着约30件能被人觉察的小失败，而其背后又包含了300件让人感到"不妙"的隐患。

这时，如果用心去感知，一定能够发觉失败的预兆，并且应对得当的话，完全有可能防范重大失败。从理论上讲，还没有哪个防范失败的对策能如此简单。

然而在现实中，人们大多对这些失败的预兆视而不见。因为人们总觉得失败是"让人嫌弃的东西"，尽最大努力"避免看到"失败。这些人拥有"看不见那些不想看到的事物"的特点。

其结果是，上述的人会遭遇失败，并倾向于把这些必然会发生的失败的原因归结于未知或其他不可抗力。这样一来，不出意料，更大的失败还会接踵而至。

彻底查明一次失败、一件事故的真正原因，才能防止由相同原因导致的失败再次发生。

第三章

失败信息的传达方法

要想把一次失败培育成能预防下次失败并走向成功的种子，重要的是正确分析失败的原因和经过，将其整理成知识及人人都能掌握的信息传达出去。不仅他人的失败要如此，自己的失败更是要如此，将失败信息整理成知识是"失败学"的重要支柱。

但困扰我们的是，失败信息中存在很多因素会制约将失败信息整理成知识。如果不能将失败转化成便于应用的知识，那么自然就不能防止日后的失败，也就不能为自身的进步提供帮助。为避免这种情况，在本章，我将详细说明失败信息的难点和将失败信息转化为有利信息的方法。

失败信息难以传达，并随时间推移而减弱

俗话说"富不过三代"。第一代商人辛辛苦苦打下经济基础，第二代传人耳濡目染体会其辛劳，将家族事业继承下去。然而，第三代传人在富足的环境下成长，不了解先辈的辛劳和失败，很容易亲手毁掉家业。这是一句极具讽刺意味的俗语。

毁掉家业的第三代人全都没有能力吗？似乎也不能这样说。有不少后辈掌握的知识是前人的一倍，只不过这个凝练了中国风的书法体式常见于"待售房屋""待租房屋"字样的告示上。

这句俗语说的是在江户时代，那些做房屋租赁出售买卖的人，多半读不懂生活中已不常见的汉字。他们对先辈的苦劳和失败一无所知，疏于经商之道，留着一些不实用的知识，这句话的真正含义是在讽刺这种愚昧的现象。

我认为这句话很好地表现了失败信息的一个性质。那就是失败具有随着时间推移和互相传达而急剧减弱的倾向。

即便当事人大抵能向身边人传达失败信息，而听者再次向周围人传达这一信息时，就很难传达出去了。在家族

中传递信息也是如此，正如俗语中所说，祖父母向孙辈传递信息时，信息质量会急剧减弱。

第一章中提到过大学的实验室中发生了氢氟酸事故，那就是由于失败信息急剧减弱而引发的。失败信息就是这样，"在人们口口相传的过程中渐渐衰弱"。

再举一个反映失败信息在减弱的例子。这是我在曾多次遭受大规模海啸灾害的岩手县三陆海岸的真实见闻。

海啸是由海底地震或海面的冰川、岩石崩落引起的，海啸发生时海面波涛汹涌，海浪涌向海岸，与地理学中的涨潮有着明显区别。在纵深广阔的里亚斯型海岸上，先涌上的海浪容易被后面的浪追逐，海浪层层升高，在 V 字形和 U 字形的海湾处经常会发生大型灾害。

三陆海岸不仅是容易遭受海啸威胁的里亚斯型海岸，还是被称为"地震之巢"的日本海沟，它是世界上最常被海啸侵袭的地带，曾多次受灾。日语中"海啸"的发音"Tsunami"也成为学术术语，在世界范围内通用。

在三陆海岸周围的村落间行走时，只要留意，处处可见海啸的石碑。每当大规模海啸袭击村落，人们就会制作石碑。过去的灾害中牺牲者众多,人们以石碑慰藉灵魂。有的石碑包含着吸取教训的意义,也有不少建在海浪到达的高度,标记"不要在此处以下建造房屋"。请看下面的照片。石碑中写着不要在此处以下建造房屋,但依然有房子被建在那儿。这是一个为了日常的方便而拒不接受宝贵教训的例子。

一定有一些人忠实地牢记过往的教训,至今都没有在

海啸石碑及建在其下的房屋

石碑以下建造房屋，严格贯彻海啸应对措施。但我想在其他地方，也会有人因为贪图方便而忘记了前辈的教训，逐渐聚集在海岸线附近。

虽然，这些区域已经建了防波堤及其他应对措施，但在人们忘记了曾经发生过的教训时，突如其来的海啸又会卷走一切。这些灾难的经验教训都铭刻在石碑上，但还是有一些人为了生活方便而住在海岸边缘。

像这样在极短的时间内就忘记曾经的教训，再次经历失败的情况并不少见。三陆海岸这个海啸多发地的事例很好地验证了"失败难以传达""失败信息在传播途中减弱"这些失败的特性。

试图隐瞒失败信息

2000年3月8日，在日本地铁日比谷线中目黑地铁站附近的急转弯处，一辆由八节车厢编成的列车的最后一节车厢脱轨，与反向线路中行驶的列车相撞，造成5人死亡，

60人不同程度受伤的惨剧。事故原因是急转弯处很容易发生的"爬上脱轨"。

营团地铁在发布会上称，事实上，在1992年的10月和12月曾分别发生过相同的脱轨事故。半藏门线的列车在以时速9公里通过车库内急转弯时曾发生两次脱轨，第一次是第四节和第五节车厢同时脱轨，第二次是第九节和第十节车厢同时脱轨。

两起事故发生后，公司内部曾展开调研会进行调查，但一直没能找出原因。最终，公司不仅没有调整其他车辆和运营线路，反而以"不是运营线路内的事故""未发生伤亡事故"为由，没有向负责铁道行政管理的运输省进行通报。

了解到这一经过，我认为日比谷线会发生事故实属意料之中。换句话说，在这件事故发生的背景中具有了极度抵触被人所知，"试图隐瞒失败信息"这一失败信息的特性。

事实上，在国家也曾发生过在急转弯处由"爬上脱轨"导致的事故，也有指出其危险性的相关论文。如果在1992年发生事故时，公司不隐瞒事故原因，而是进行彻底的调查和研讨，公布事故情况，那么日后就不会发生出现伤亡的惨案了。

是避讳失败、无视失败,还是直面失败、学习失败?选择了不同的道路,也就走向了不同的结果。

人们终究还是倾向于隐瞒失败。我认为这是人类的普遍心理。但是绝不应该在已经发现失败的情况下隐瞒。某些时候,这样做会造成无法挽回的局面。

2000年7月,三菱汽车秘密召回事件就是一个典型案例。该大企业有意识地隐藏一部分与投诉相关的文件,迟迟没有进行召回,以及采取其他的改善对策,最终引发震惊整个社会的事件。

让事情真相大白的是一封来自企业内部的告发信,以此为契机,日本运输省于7月上旬对三菱公司进行了特别审查。发现一部分投诉信被藏于公司储物室里,发件人包含了用户和经销商。调查人员还发现了前年11月定期检查时没有提到的投诉信息,公司为应对运输省的检查,将投诉申请等文件叠成双层。

当时,三菱公司提交给运输省的报告中曾罗列出名目,未达到运输省安保基准的召回车辆共531869辆,达到安保基准但存在安全、公害等问题的改善车辆共3372辆,安全上不存在问题，但为提高品质，开展服务宣传活动，共涉及车辆76474辆。

但调查人员在公司内部调查时发现，在发出这份报告后，三菱公司也漏掉了许多召回信息。调查同时发现，三菱公司在30年一直持续这类不正当行为，完全失去了消费者的信赖。这一连串的事件还引起了当局的关注，8月，三菱公司因疑似违反了道路运输车辆法而接受警方强制搜查，三菱公司已经陷入了致命的困境。

针对这一事件，三菱公司当即否认在组织内部曾进行隐瞒工作，但事后查明，公司内部的品质保证部课长以下全都与此事相关，从部长到职员尽数知晓此事。自1997年为"总会屋"[1]提供方便一事，三菱公司曾提出"开放、清明"的改革方针，但如今依然遭此负面打击。

三菱汽车的这一事件，显著地表现了人们"试图隐瞒失败信息"这一失败信息的特性。另外，我们可以从这个案例中了解，发现失败却以谎言应对，这对一个团体而言是多么致命的错误。

---

1 意指专门破坏股东大会的恶势力团体。——编者注

试图简化失败信息

失败信息的另一个特性是,人们"试图简化失败信息"。只有极度简化经过和原因,失败信息才得以广泛传播。

假设失败信息是按照 A → B → C → D 的顺序传播的。失败信息往往能从 A 传播到 B,B 传播到 C,但 D 处就完全传达不到了。这时人们倾向于不再讲述那些残存的正确信息,而像传闲话一般,用一两个词句概括了失败的经过和原因。

但是,实际的失败并不能够用语言单纯地概括。没有细致地描述诱发失败的经过。就无法想象其真实的情景。失败的原因也是这样,一次失败往往是由多重原因引起的,人们从浓缩成一句话的单纯表达中收获的东西极其有限。

学习失败时,有必要正确地把握事实,对失败有全面且准确的理解。而被简化了的失败信息无法让我们正确掌握事实。

比如"地震来了要灭火"这个教训。因为关东大地震后的火灾夺去了很多人的生命,人们为学习当时的经验而将这段失败经历变成一个约定俗成的惯例。然而，遵从了这短短一句话而在地震发生的瞬间就急急忙忙地灭火的人，可能会遭到烧伤。

这句话中蕴含的实际意思是，发生地震时首先要等待晃动停止，而后马上将火熄灭。这是过于简化失败信息以便传达，反而妨碍了正确知识的传播的典型案例。

实际经历地震的人们，即便没有听过这样的教训，也会知道在地面晃动最激烈的时候去灭火是多么危险的事情。在听到"地震来了要灭火"这句经验教训时，我们需要在心里将其补充完整，"地震发生时，等晃动停止后再去灭火"，这很容易办到。

不管怎样，只要人们在心里牢记有关地震状态的知识就好。为了更好地利用从失败中得来的知识，必须正确分析失败。为此，在传播失败信息时，应该避免简化，要一同叙述详细的经过和原因。

试图改变失败原因

在第二章分析失败的阶层性，尤其是组织内部的失败时，我曾指出，组织中居于高位的人倾向于将责任推给下属。其极致案例就是最近频发的医疗事故。

在发生给患者用错药物等事件时，医院一方闭口不提其管理体制和护士工作量过度等医院制度方面的问题，而仅将责任归为某一个护士的工作失误。这一事件体现了人们"试图改变失败原因"这一令人困扰的失败信息的特性。

我们经常遇到这样的困境，说出失败信息会损害一些人的利益，但不说，又会让另一部分人陷入困境。于是，困在中间左右为难的人往往选择在需要传达的信息中加入自己的利害关系。暂且不论正确与否，这可以说是人类的一个很自然的行为，但长此以往，传达出的失败信息就变得面目全非，这是令人苦恼的问题。

借用1986年4月26日切尔诺贝利核爆炸事故为例。事故发生时，当时的苏联政府发表声明称事故的原因单纯是操作人员的违规操作，隐瞒了原子炉结构上的缺陷。

之所以会出现这种问题，原因之一是苏联当时正沉浸在追赶西方诸国的得意中。如果深入调查切尔诺贝利事故，很可能引发本国的反核电运动。苏联为推动核电开发这一国策而无视明显的负面因素，竟然从本国的利害关系出发而接受了有意歪曲后的失败信息。

这种情况在"失败的阶层性"一节中也有提及，是我们身边很常见的一种现象。在发生事故和悲剧时，相关企业或管理部门会成立特别调查小组以查明事故原因，但考虑到对社会的影响，他们有可能敷衍搪塞，编造出一个无伤大雅的结论了事。

为应对"人们试图改变失败原因"这一失败的特征，在听到失败信息时，我们有必要思考有哪些非事实信息夹杂其中。

说起来，虽然一些情况下人们会为相关人士的利益而有意扭曲失败，但很少有人将涉及失败经过的信息偷梁换柱。因此我们可以以失败经过为基点，重组失败信息，这样一来就能看到失败信息中的不确定细节，获得正确的失败信息。

失败极易被神话化

"大和"号战列舰是人类史上最大的战列舰,但它几乎毫无战果,在冲绳岛战役中,甚至没有加满单程的燃料就出征,结果在美军的反复空袭中被击成碎屑,消失在海浪里。这是一个很有名的事件,后来的人们用"悲剧的战舰"来描述其最后的姿态。

"大和"号战列舰的失败,无疑是由战术这一制约条件的变化引起的。但如果忘记了其背后还有战舰的筹划者没有预测到战斗机、潜水艇的飞速发展这样的真正原因,也就无法正确地将失败信息整理成知识,并吸收其教训了。

事实上,"失败的×××"这种表述方式就很好地体现了"失败极易被神话化"这个失败信息的性质之一。现在大多数人都接受了这个失败信息的表达形式,认为"大和"就等于"悲剧的战舰"。通过这个被神话化的悲剧故事,"大和"号战列舰的失败被赋予了情感和侠义心,对听者来说很容易记忆并理解。

然而,过度的神话化会妨碍我们抓住信息的本质。事实上,有很多人会把"大和"号战列舰联想成一个没用的大草包，但它在大舰巨炮的战争时代却是一艘出色的战列舰。只不过随着时代变迁，战斗机渐渐占主导地位，便导致了那样的悲剧。我们必须知道，导致悲剧的真正原因是军备筹划者的判断失误，他们没有认识到主流的作战方式正由大舰巨炮变为飞机。

像"大和"号战列舰这种带有悲剧故事性的失败信息很容易被人们神话化，从而广泛传播，但这样一来人们的理解容易有失偏颇，不利于将其正确地知识化。对于后来的学习者来说，"失败极易被神话化"这一特征绝对不是件让人高兴的事情。

失败信息的地域化

失败信息的最后一个特性是"失败信息的地域化"。它指的是某处发生的失败不容易传达到其他的地方。

第二章中提到过，在树状结构的组织中，这种趋势尤为显著。在组织中，每个岗位都负有明确的职责，各岗位间的横向联系淡薄，一个岗位发生的失败很难传达到相邻岗位，这在日常工作中十分常见。

组织构造的确是问题之一，但造成失败信息地域化的原因还有一个，就是我多次提过的人们对失败的负面印象。

人们在向他人传达自己所属的岗位发生的失败时，总会觉得"这样一来他们对我的评价就会变低了""这对我们的工作不利"。在面对失败时，人们会下意识地隐瞒失败，这是一种很自然的心理。

失败信息所具备的地域化这一特征，从团队整体而言，显然是有负面影响的。如果不能在集体中共享一个部门的失败信息，那么同类失败还会在其他部门重演。单纯为了个人的声誉和虚荣而将已经发生的失败限定在某个区域中，实在是徒劳无益。

和地域化的原理大致相同，失败也存在"失败信息无法在组织内部上下传达"的性质。某个部门发生的失败，不仅无法传达到相邻部门，连本部门上下也很难以传达。

在组织内的各阶层间通报失败信息时，随着信息一同上下传达的还有大家对犯错者的评价。像前面所说的那样，人们无法摆脱"这样一来他们对我的评价就会变低""这对我们的工作不利"这种意识，自然也就厌恶失败信息的上下通传。

从雪印乳业这起罕见的大型集体食物中毒事件引发的一系列骚乱，就能看出"失败信息无法在组织中上下传达"这一失败信息的性质。公司召开记者见面会时，雪印乳业大阪工厂的厂长成了媒体追责的众矢之的。他首次承认，在操作中，真空管内残留固体牛奶时，工人们没有按照规定将其清洗干净。那一刻，同样列席发布会却对此一无所知的社长喊道："这是真的吗？"周围人都随之一愣，这幅情景不知在电视上循环播放了多少遍。

一般来讲，位居大企业厂长的人离企业的管理层只有一步之遥，发现工作上的问题有可能影响晋升，因此他们倾向于有意识地隐瞒失败信息。我不确定雪印乳业的事件是不是符合这种情况，但该事件却将企业逼到无路可退的境地。仔细回想厂长疏于向公司管理层的汇报生产问题这一事实，我们便能够知道，该公司对待失败信息没有开诚布公、上下通传的氛围。

假如发生在下属中的失败能完整无误地向上通传，那么企业就可以避免大型事故，回顾过去，这样的案例数不胜数。失败有种种阻碍人们互相传播的特性，切实了解这一点，对阻止失败的成长极为重要。

客观的失败信息没有裨益

那么，准确地向他人传达失败信息时，有哪些需要注意的要点呢？在说明方法之前，请读者先思考一个问题：可以在日后有效地活用的失败信息究竟是怎样的信息呢？

听到这个问题，可能会有很多人回答：客观的信息。

例如，发生大型事故和问题时，企业或相关部门成立特别调查小组，从第三者的客观视角分析并总结失败原因而得到的信息就是客观信息。从人们"试图隐瞒失败信息"这一特性来看，这种客观的分析可以明确事故责任人，的确是很必要的。

然而，为了防止同类失败再次发生，为了获取创造时能够活用的知识而收集失败信息，这种推崇"客观"的态度在实际中是无法收集到有效信息的。

我们在学习他人的失败，想要以此来创造新事物时，首先想要知道的不是谁要对事故负责，而是遭遇失败的人的想法、感受等诸如此类以第一人称的角度讲述的生动信息。有的时候，这些信息中可能隐藏着外人无法窥知的真正的失败原因。因此，让当事人自由放松地述说失败是传达失败信息的重要一环。

例如，某人在登山时遭遇事故。将其失败总结成报告材料时，以第三者的语气进行客观的记述，或许是下文这样。

> 某月某日，进山一小时后，到达距出发点4公里的一个岔路口，登山者未加留意，选择了错误的道路，偏离了正轨。当日，在海拔高度800米处，气温为20摄氏度，湿度为65%。中午11点开始下了一小时的雨，降雨量约10毫米，没有携带雨具的登山者为了避雨，想也没想就走进了森林中。而后，没等到雨停，登山者在森林中徘徊，再次判断失误，最终迷失了回去的路……

以客观为名、由第三者书写的报告书中，除了上文，还附有标了等高线的地图，地图中用红线描出登山者的步行路线，在迷路和自作主张的位置标出了显著的印记。另外，当天的天气和气象数据等资料也作为补充数据附在后面。

如果为了把经历的失败原本无误地记述下来而让失败者本人来书写，那么他肯定想不到要添加如此精巧的附录。或许只是把自己切实看到的事物记录下来，附上一个手绘的地图，报告书的主体按照时间顺序主观地再现当时的场景，大概像下文一样。

某月某日，进山。早上出门的时候听到妻子发了几句牢骚，在一天的开始心情就有些糟糕。为了让心情变好，我专注地欣赏山路旁的花草，那是一条道通到底的山路，虽不至于无所顾忌，我仍然没看地图就走了起来。感到炎热的时候，正好走到一个分岔口，其中一边的道路是向下的，因此我压根没有打开地图研究，就选择了上坡道。不久之后，突然下起了像雷阵雨一样的急雨，为了避雨，我走到山道之外去寻找大树，而后就进入了树林，不管不顾地行走，以致迷失了方向。途中，我在森林里发现了蘑菇，被它迷住了，实在是糟糕。我一边在心里后悔没带雨具，一边等不及雨停就在森林中四处寻找步行道，过了几个小时也没能找到道路……

对比两份报告书，从客观性上来看，前者的记述明显更胜一筹。但如果考虑到"哪个更有用"，同样爱好登山的人想要活用这一失败信息时，无疑会选择后者。

一看之下，客观的信息的确更胜一筹，但遗憾的是，对于有经验人士和与失败者站在同样立场的人来说，这种信息中无法诞生出新的事物。能够让人有切身感受的，无疑是后者这种像日记一样详细描写了心理状态的记述方式。人们只有站到当事人的立场上换位思考，才能明白"登山时一定不能忘记带雨具""分岔路口一定要看地图确认路线""在森林里乱走是很危险的"这些道理。

在多数场合，各种事件的事故报告书都是由第三者站在客观的角度全盘把握而撰写的。可能出于这个原因，文章中或多或少会有批判和抨击的论调。有的时候，事故的当事人也会被委托撰写，但为了强调"客观性"，文章往往枯燥无味。

可惜的是，这样的记述对于那些想从失败信息中获取知识的人来说实在是没有裨益。人们真正想知道的是当事人在失败时的想法、感受、哪一环节出现了失误等这些从当事人出发的主观信息。这一点，请大家务必牢记。

将失败经历整理成知识以便传播

为了从失败中吸取教训，让它成为避免重蹈覆辙、成为创新的种子，一是要脉络清晰地记述失败，二是要将失败经历整理成知识。整理成知识就是将发生过的失败总结成日后可供自己和他人使用的知识，这对于正确地传达失败信息来讲是必不可少的。

85 页的示意图解释了将失败转化成能够使用的知识的过程。现在我简单说明图中的主要内容。

平日里我们目睹的事实都是事情发生的结果，无法看

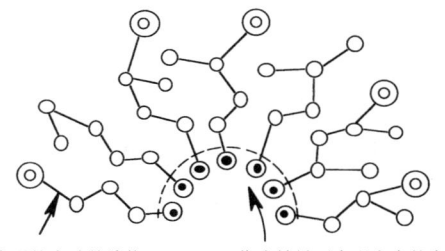

未表现的失败的脉络　　作为结果而表现出来的东西

传播那些导致失败的脉络的必要性
（仅有失败的结果，达不到传播的目的。
导致失败的脉络才是传播的要点。）

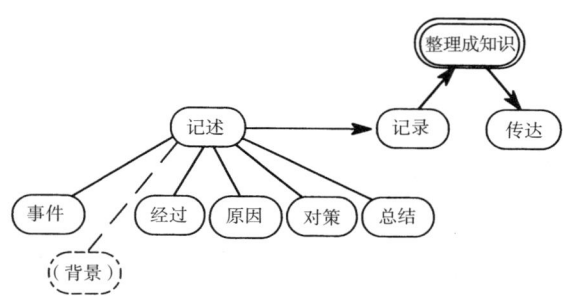

传播失败时的记述要点

到事件的脉络及其经过。如果真正想避免已经发生的失败重演，我们必须由始至终地完整把握失败的脉络。不了解脉络，就不算真正地理解了失败。

失败有多种表现形式，但人们在记述时要么只记录结果，要么仅仅简单地介绍原因和经过。为了防止失败重演，在记述中有必要清晰地理顺脉络。

"记述"是将失败整理成知识的出发点，其含义就是将失败经历记述下来。记述的内容包括"事件""经过""原因（推测的原因）""对策""总结"这几个项，如此将问题整理一番，也就理清了失败的实质。我将在后文详细说明撰写方法。

下一步就是将记述好的失败信息"记录"下来。记述可以是经历失败的当事人的回忆，将这些回忆作为数据，整理成便于自己使用的资料，这个步骤就是"记录"。将失败信息转化为可以灵活使用的知识，这样一来在必要的时候就能够立刻检索。完成这一步骤着实需要花些工夫。

实际上大多数人都止步于记述。但只有将记述推进到记录，才能自然地将信息传播给他人，实现信息的价值，这两个步骤之间有天壤之别，仅有记述无法达到传播的目的。

在发生事故、灾害时，企业或者政府机关的工作人员会以事故报告书的形式总结失败的过程。但是这些由负责人千辛万苦总结出的文件基本上不会被人再次翻阅，它们就这样静静地沉睡在资料室中。造成这种现象的最大原因是总结这些失败信息的方法有误，记录止步于记述，导致后人无法活用其中的信息。

记录之后的重要一步就是整理成知识。作为知识的失败信息就能够被其他人使用了。

最后一个步骤是"传播"。如果失败只是一个人的事情，那么其中的知识也只需被这一个人活用，没有传播的必要。但当信息与个人的周围或所在的集体有关时，有必要向相关人士积极地传播信息。一旦怠慢，他人就有可能重蹈覆辙。

当信息跨越了漫长的时间和广阔的空间，这种传播就变成了传承。并且，由于失败信息具有放任不管会自行消失、被隐藏、被误传等性质，我们更有必要有系统性地正确传播信息和知识。

记述六个项目

将失败整理成知识时,正确地记录失败的相关信息是不可或缺的前提。如果遗漏了必要的信息而没能传达失败的真正含义,或者由于记录不完善而曲解了失败的实质,这样的信息对于听者来说是无法活用的。不仅如此,如果脑海中留下的都是对于失败的混乱印象,还不如一无所知的好。

前文也提到过,失败信息的记述分为"事件""经过""原因(推测的原因)""对策""总结"这几个项目。这些内容并不是在罗列项目,而是从人们在理解事物时大脑接受信息的顺序而分析出的一个思维模式。如果能在记录报告的最开始处添加用一句话概括的标题,失败信息就由此得以整理,失败的内容也就一目了然。

第一章中提到的我自己的失败就是一个记述失败体验的实例。

为了让读到报告的人想象到这段失败的基本实质,我采用了"几乎死于材料的压缩实验"这个标题。而后,我接着写了"这究竟是怎么回事",也就是排在第一项的事

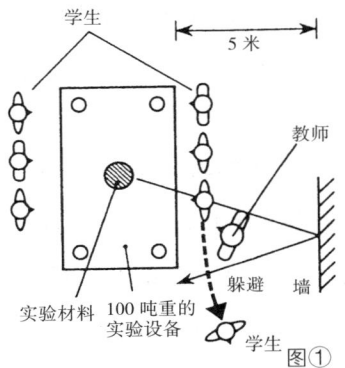

实验室布局及实验材料的飞散路径

件,如下文所示。

事件——距今大约 20 年前,作为研究生的演习,教师和学生们一起做了一个测试各种材料在受压缩时的机械性质的实验。其中,在对磷青铜进行观测时,实验材料突然横向飞出,十分危险,教师几乎当场丧命(图①)。

接下来有必要记述失败的经过,讲述在这里究竟发生了怎样的失败,应该尽可能地详细阐述重点部分。仅仅通过文字描述可能难以传达其精髓,必要时可以添上图示以正确地传达内容。

经过——在压缩实验材料时,通常会像图②所示将实验材料的上、下面与实验装置的接触面贴合。然而随着压缩产生变形，实验材料内部会产生多个滑面，滑面与实验材料的上下面不平行。这个情景如图③所示，在本例中，实验材料的上下面发生倾斜，在球面座的摩擦力下继续被压缩，最终实验材料发生断裂，一部分向外飞出。

在事故发生之前，随着压缩变形程度的增加，实验材料和设备发出了异响，周围人都感觉不安。一个学生凭借自己的判断避开了实验台，随后材料碎片立刻飞了出去。如图①所示，材料经过学生原先所处的位置，直冲向墙壁，而后反弹回来，掠过指导教师的左耳掉在地板上。

面对这一恐怖至极的突发事件，老师和学生都吓呆了，

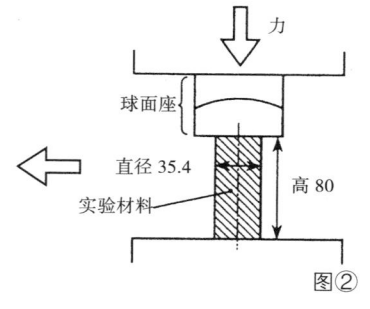
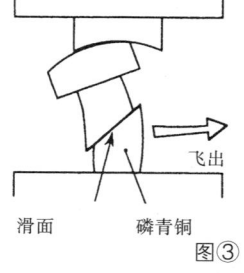

压缩实验中磷青铜材料发生变形

久久不能动弹。托幸运之神的眷顾才没有人受伤。

第三项是原因的记述，这一部分没有必要写得非常准确，重要的是记录下那一刻的感受和想法等这些当事人的见解。即使觉得"可能说得不对"也没关系，这里只需要写下发生失败时推断的原因即可。以此为线索，日后说不定会意外得知真相，也可能有新的发现。

当然，日后还需要记录下经过严密思考和调查所获知的真正原因。

原因——随着不断压缩，实验材料和球面座的上面产生倾斜，上下压缩板间的斜面好像嵌入了一个楔子。因此，当水平方向的力超过摩擦力时，实验材料就飞了出去。实验材料一直保持着弹性，随着压缩，弹性势能进一步积蓄。这种势能在被释放的瞬间转换成了动能，导致实验材料以猛烈的速度飞散出去。

第四项记述的是对策，应写出失败发生后都做了些什么。此处不仅限于失败后的应对，有时也有必要记述失败之前的一些应对措施。

例如在本案例中，还有必要记录下为进行实验而做的准备。对此进行分析和讨论是日后将失败整理成知识的必要环节。

对策——虽然一直了解这个实验的危险性,但为了达到观察的目的,教师在实验时还是没有安装防止实验材料飞散的保护罩。教师对学生传达了这一情况,但没有想到材料真的会飞溅出去。

原本站在实验材料飞出方向的学生,看到实验设备的情况不妙而自行决定避让,最终平安无事,这实在是偶然的运气。换作其他人,在毫无防护的情况下,如果没有自行避让,那么身体或头部肯定会被实验材料打中,非死即伤。

最后要写的是总结,记述下这个失败究竟是怎样的内容。这是正确传达失败信息中的一个关键点。

在企业等机构所使用的失败报告书或者以总结形式归纳的失败案例集中,大多数都止步于这之前的对策阶段,在对策之后设置了教训之类的其他项目,而后结文。

如果以传达每个失败的内容为目的,那么做到这种程度就无可厚非了。然而,如果想从这段失败中有所学习,那就有必要采取更进一步的行动。除了直接的失败原因,还必须列出那些诱发失败的深层原因,例如组织上的问题、精神上的问题等，以记录的方式备案。

我总结并记述了自己的失败，如下文所示。

总结——在对磷青铜进行上下压缩时，受压缩的实验材料断裂，横向飞出。机械材料的破坏通常是由拉拽引起的，因此实验前一般事先将材料进行拉伸。另外，像混凝土一类的材料也常会因为压缩遭到破坏。

进行材料实验的人都知道，在对那些通常会因拉伸而受到破坏的材料进行压缩实验时，很容易像这次一样，因积蓄的弹性势能引发事故。但我却无视这一情况进行实验，本想通过实物教学让学生更深刻地理解知识，结果适得其反，实在是愚蠢的决定。

处理机械的技术人员应该养成习惯，经常思考每项操作可能会引发的机制。如果必须进行本例的实验，事先要进行假想演习，预备万全的防护措施。

并且，不只是金属，气体在受到压缩时，能量的积蓄也存在着相似的危险性。因此在处理气体的实验中同样要注意。

以上就是我对自己经历的这段失败的事件、经过、原因、对策、总结的记述。我想通过这段文字，读者们可以大致了解应该如何在正确传播的基础上记述失败信息。

对于那些不与他人共享的信息,例如,失败的传播对象只有一个人,虽然只有你自己在使用该信息,也要尽量完成相同的记述。这项工作对于分析、探讨失败十分必要,经过了这一流程,将来就能轻松地将失败整理成知识以便灵活运用了。

顺便一说,对于前面提到的失败案例,其作为知识的部分可以做如下记录。

知识——务必认真思考实验材料被破坏,以及飞散的机制,为日后制订相应的实验计划。务必培养预测危险的能力,不能盲从领导者,要知道自己的生命应由自己来守护。另外,作为领导者,应在事前进行充分的假想演习,为可能发生的各种情况找到相应的对策。

以上的这段记述混合了参与实验人员的立场和主导实验的领导者的立场,乍看之下可能有些难懂。由于失败的知识化是从失败经历中学到的教训和知识,所以有必要从不同的视角出发,解读失败,以这个模式进行记述。不管怎么说,希望读者记住,整理成知识是用于防止同种失败再次发生的一种手段。

留存失败信息中整理成知识的部分的记述，方便日后回顾并活用，有利于推动事情顺利进展。编辑失败事例集供机构组织活用，或者将教训和创造的种子制作成供个人使用的数据，也能获得类似的效果。

此处介绍的对于事件、经过、原因、对策、总结及知识化这六个项目的记述，是为日后能正确传播失败信息所列示的最佳形式。请一定学会运用这个失败信息的记述格式。

另外，对于想从这段失败中有所学习的人，也就是读到这段记述文字的人来说，除了这里列出的六个项目，他们或许还想要了解发生事件时的整体背景。背景的记述对于失败当事人来说应该十分简单，但也有很多人不清楚应该如何记述失败背后的环境。此时可以在完成六个项目的记述后，再回过头来调整。着手书写失败发生时的各项事情，日后读到这段文字的人就能对这段失败有一个更加立体完整的印象了。

例如，对于上文介绍的失败案例，其背景做如下记录。

背景——虽然制作机械时经常会使用钢等金属材料，但机械学专业的学生们需要全面掌握相关技术，建筑物中常用的混凝土和木材等材料的相关知识也必不可少。因此教师设定了实验计划，以相同的实验方法测定各种材料的性质。

再举一个例子，供本书的读者参考，我建议诸位读者也可以按这个方法总结自己的失败经历。

题目"未按规定期限交货"

事件——顾客委托我司制作宣传用影像资料，我司在规定期限内没能上交成品。

经过——A公司委托我司制作影像资料，用于向小型店铺宣传说明新产品。虽然我司还有很多其他工作，但毕竟是第一次收到A公司的委托，为了长远合作，明知有些勉强也还是承接了这份工作。

虽说时间紧张，但如果适当调整日程，还是能够完成的。但就在这时，老主顾B公司的订单出现了意想不到的问题。负责人被调去处理那边的问题，这段时间上的损失影响了我们完成A公司的委托的进度，没能赶上约定日期。与A公司在协商后，达成共识，推迟一周上交成品。

原因——B公司是我司最重要的老客户，如果照顾不周,他们日后有可能取消合作,这对我司来说是致命的打击。在我司内部,B公司委托的工作永远处于最优先的地位,但我们还想寻找其他可以长远合作的对象,因此才接受了A公司高强度的订单,造成了这次的问题。

对策——我司负责人直接前往A公司,向A公司的项目负责人和负责员工进行诚挚的道歉,并与公司领导协商,减免一些订单费用。可能是因祸得福吧,以这次的事件为契机,我们与A公司负责人建立了亲密的合作关系。

总结——无论发生怎样的事情,延误工期都是无法原谅的。一方面,我司是依靠老主顾B公司的业务才得以成立,很难调整既定的工作计划,承接其他订单。另一方面,我们又希望短期内完成A公司的订单,获得良好口碑,却没有考虑这之后的事,轻易地接下这样一个不可能完成的任务,这种做法是错误的。

这次交货延迟的直接原因是B公司方面的工作发生了意料之外的状况,因此公司内部员工没有被追究责任。但是,在明知很勉强的前提下接受了工作,至少应该确认一下B公司订单的进展情况,对于这个问题,我们需要反省的点还有很多。

知识——如果想要完成艰巨的任务，获得客户好评，就必须遵守约定。应该用心调整日程，确保在规定时间内应对突发状况。

另外，诚实是处理顾客投诉最为关键。运气好的话，有可能与顾客缔结良好的合作关系。

关于六个项目的记述，在《持续不断·真实的设计：向失败学习》（畑村洋太郎编著·真实设计研究会著）中还有很多具体的案例，供读者参考。

当事人无法记述时

前面已经说过，那些想要活用失败的人最想知道的是当事人在面对失败时究竟有怎样的想法、怎样的感受，诸如此类的主观信息。考虑到使用失败信息的人的需求，这个六项目记述法最好是由失败当事人来完成，但这里面存在着一个大问题。

前文提到过，在失败信息中存在"会持续减弱""被隐瞒""被扭曲"等特性,它们妨碍了信息的传播。并且如今日本有这样一种风潮:在实际生活中,当失败发生时,整个社会都会对失败当事人冷眼相对。

一方面,失败的当事人无法走出"失败都是糟糕的"这种定式思维。当因疏忽而造成发生事故或麻烦时,他们会陷入无法面对现实的恐慌,感到灰心丧气。这样一来,当事人失去了平常心,既无法正确地记述失败信息,也无法分析并探讨,更加无法将其整理成知识。

另一方面,我们不得不承认,并不是每个人都具备通过记述来正确地传播失败信息的能力和技术。专业的棒球选手或高尔夫球选手具备相当的运动技巧,但要把这种技巧传递给他人,还需要掌握其他的能力。知名运动员不一定会成为知名教练,就是这个道理。

为了将失败信息变成有意义的总结,我们需要进行一些必要的相关练习。如果是在组织的层级来认真对待这件事,则应该培养一些专业的员工,由他们询问并记录失败的当事人的感受。

美国的大型公司通用电气系统性地整理了其产品的事故和故障的信息,作为秘不外传的珍宝来使用。这项活动持续了 50 年以上，据说是通用电气世界战略的基础。

另外，法国的一家公司针对各个尖端技术的领域，采访了技术开发阶段的关键人物，将这些发展过程中发生的事件作为信息资源加以整理。

这个方法，主要是将年轻的女员工培养成为专业的采访人员，让她们采访退休后的技术人员，从这些曾经活跃在技术发展时代的人们那里了解当年的故事。被采访者像和孙女讲述当年的故事那样细致地介绍过去的信息，通过这种的采访调查和证据调查，高度地还原了事件的真相。

日本也有很多活跃于技术发展时期，但已经退休的技术人员。他们也很想讲述包括失败在内的自身经历。但是，在日本几乎没有组织收集这些宝贵的经验知识。吸取先人的经验，向后世传达，这是文化应有的样子。无须由官方机构主导，各个企业、组织自发地收集发展时期的失败体验或其知识化后的信息，这对于后人来说就是一笔宝贵的财富。

务必进行评判

在本章的最后，我想说明一下在实践中了解经历失败的当事人的故事并将其整理成知识的关键。

总之，代替经历失败的当事人总结信息的记录者务必注意，要时刻保持倾听的姿态。记录者将真实的记述整理成文字而保留下来。为了将其整理成让人能够一目了然的信息，必须具备一定的客观性，但更重要的是注意不要抹去失败当事人在失败时的所思所想这些关键内容。

此时，为了给要使用信息的人留下深刻印象，要尽可能地保留具体的失败信息。可以的话，添加经历失败的当事人的真实姓名就更好了。记录真实姓名可以让失败信息更加真实，给读者留下深刻印象。另外，如果信息利用者想要了解更多内容，可以通过实名记录直接访问经历失败的当事人，保证了信息的连锁性。

向经历失败的当事人了解情况时，应遵照前面介绍的六个项目的顺序。这样一来，听者就能从当事人的视角全面理解发生失败时的背景。当事人在依照项目顺序进行回答时，如果能自己整理一步步走向失败的脉络就更好了。

此时最重要的是,听者不要进行批判。采访的目的不是追究当事人的责任,而是完完全全地将这段失败信息整理成知识,以求对将来产生作用。如果因为批判而让当事人缄口不言,那采访就毫无意义。当事人本来就因为失败而灰心丧气,担心被批判或追究责任。如果我们能理解那种被当作众矢之的的心境,自然不会说风凉话,这是人类的普遍心理。

听者在怀着这种心态向当事人了解情况后,再次回到第三者的立场,理顺导致失败的客观的脉络,能够更加深入地整理知识。最后将两者相比较,明确前后矛盾的部分,以及当事人有意或无意隐瞒的部分。

第四章

从整体上理解创造

在本章中，我们一起看一下实际上是以怎样的形式将失败信息活用在创造现场的。

像前言中提到的那样，所谓创造能力不是解答既定的课题的能力，而是自己设定课题的能力。而怎样才能获得设定课题的能力呢？这就是本章将要介绍的内容。

求解学习和体感学习所获得的知识有所不同

我所在的机械工学领域里,设计人员不仅需要具备表面的知识,也需要通过实际操作机械获得体验式的知识。所谓表面的知识,是指针对某个问题求解。这种学习以背诵为核心的能力是当下考试竞争中不可或缺的能力。而体验式的知识与之正相反,它不是纸上谈兵,而是通过切身体验获得的知识。

机械设计领域之所以需要后者,是因为设计只依靠课本上学来的范本知识是不够的。复杂的零件环环相扣,参照课本知识也没法让机械按照预想的那样动起来,这在设计领域已经是司空见惯的场景。此时我们需要的不是那些已经牢记于心的上百种解决方案,而是提取出方案的精髓,将其精准无误地应用到实际中的应用能力。先将理想放到一边,现实中我们能灵活应用的只有那些通过亲身体验而切实掌握的知识。

已经步入社会的读者应该了解,这种情况不局限在机械设计领域,世上的一切工作都是如此。学校里"这就是正确答案"这种追求唯一的答案的学习方法在现实社会中几乎没有用武之地。无论是管理公司还是经营、规划、设计，处处都需要整合复杂要素，其中需要的知识只有通过身体力行的学习才能掌握。

在日立宝贵的两年

我最初意识到体感学习的重要性是在刚进入社会不久。完成研究生课程后，我完全没有考虑成为大学老师，而是进入了日立公司。我一心想制作能够活动的机械，在汽车和建筑机械之间徘徊，最终被当时正活跃的建筑机械业所吸引，选择了这份工作。结果，仅仅两年后高校邀请我做大学老师，但这期间的经验对我来说依然是一笔宝贵的财富。

我当时的上司、工厂的厂长对待工作严谨认真，也很照顾周围的人。他说："我会让你学到知识，先听我的安排。"于是在最初的一年里，我做着与现场的工人完全形同的工作。从车床工开始，我陆续经历了焊接、组装等工作，又成为试运行员来测试试制车的耐久性。在隆冬的河滩上，我们两人一组，每晚 4 小时、3 次交班，无休止地进行了 35 天的试运行。通过这段体验，我学会了发生故障时的应对方法、弄懂了故障产生的原因。

我在现场工作了一年之后，终于等到厂长说："现场已经可以了，接下来想做些什么工作？"我提出想做设计相关的工作，厂长立刻将我分配到了相应的岗位。

"祝我们工作顺利"——就这样，我与一位毕业于工业大学的年轻男性和两个年轻有为的有经验部下共同开展工作。在当时公司的开发目标中选择一个课题，他们和我说："做你喜欢做的事吧"，在不断试错的过程中完成了自己想要做的事。

最终，一年之后我又回到大学。这段与研究开发相伴的岁月非常短暂，尽管如此，在这段时间中我通过切身体会式的学习，深深感受到了开发人员接触机械的重要性。是否在实际中接触过机械，决定了知识吸收程度的差别。

比如，如果每天听机械的声音，逐渐可以学会通过声音辨别机械运行是否正常。随着经验的积累，只要听到声音，就能判断出是哪里出了问题，并迅速找出原因和解决办法。再加上车床、焊接的工作经验，书本知识就不再是单纯的脑中的知识，而是成了可以实际应用的能力。

这种体验对今后人生的帮助自不用说，这也与利用体感式学习的指导方法有着很大的联系。

"大凤"号航空母舰因何爆炸

接下来我想举一个反面案例，说明没有实际体验的知识的危险性。这是对"失败学"有着极大关注的东京大学名誉教授、造船学专业的山本善之先生讲述的事例。

山本先生写过一篇论文，分析太平洋战争中，沉没于马里亚纳海战的"大凤"号航空母舰的失事原因（《"大凤"号航空母舰的大爆炸1、2》载于LAN第46、47号，关西造船协会）。论文中指出，在这次事故中，开发者理应把过去的事故经验转化为自己的知识，却没有意识到自身的问题，最终采取了不恰当的应对措施。

随着太平洋战争的打响，战争由过去的战舰主义转向以航空为主导，航空母舰的重要性飞速提升。于是日本仿照英美，也建造了新型的航空母舰。"大凤"号航空母舰于战争末期的1944年完工。

与以往的航空母舰不同，"大凤"号的特点是可以强有力地抵挡空中炸弹的袭击，但它在建成后仅3个月就沉没了。导致沉没的直接原因是在马里亚纳海战中，美军潜艇"大青花鱼"号发射的一发鱼雷击中了航母的轻质油罐。

其实，"大凤"号在被击中后依然处于可继续作战的状态。但实际上，在被击中后的6个小时，泄露的航空汽油挥发出可燃气体充满了甲板下的两层飞机库，航母没有在此处配备换气设备，导致可燃气体爆炸，才是航母沉没的直接原因。爆炸震飞了飞行甲板上的一切设备，继而引爆了航母中配备的鱼雷和炸弹，整艘航母被火焰包围，千余人随着航母一同沉入大海，实在是一个骇人听闻的事故。

混合可燃气体的爆炸是指汽油蒸汽等可燃性气体与空气的混合气体，由于某种原因着火，火势一发不可收拾，引发大型爆炸。它有一个性质，即燃料浓度不达到某一个数值时是不会引起爆炸的，在"大凤"号的案例中，被鱼雷击中而泄露的燃料足足花了6小时才达到爆炸条件。

顺便一提，混合可燃气体爆炸的原理与1963年造成458人死亡、555人受伤的三井三池煤矿粉尘爆炸事故完全相同。在煤矿中进行开采作业时，煤炭的粉尘漂浮在空气中，这些粉状可燃物在空气中达到一定浓度时，就容易被引燃，继而引发爆炸，这就是三井三池大型矿难发生的原因。

煤炭粉尘很容易引发危险，但只要通过清扫或者洒水就能轻松避免爆炸。然而，当时的日本正处于由煤炭向石油转换的能源革命时期，为了追求利益，煤炭企业大量解雇工人来达到结构的合理化，甚至削减了安全管理人员，这才导致了悲剧的发生。最近一些企业频频发生事故和问题，也多少处于结构合理化的背景之下。

那么"大凤"号事件又是怎么回事呢？当时的日本为建造最新锐的航空母舰"大凤"号，参考了很多英国、美国军舰的资料和照片。山本先生指出，日方以为只要基于英美的资料，优化每项目录的数值，就能设计出优秀的军舰。日军只是掌握了理论上的知识，却缺乏基础的实际操作和设计思想的传承，这才导致了具有强大战斗力的大凤号航空母舰的事故。

山本先生在论文中同时指出，不仅敌舰，在日方设计"大凤"号的 10 年前，就曾发生过因装载的航空汽油泄露，混合可燃气体发生爆炸的事故。预防这类事故的重要性作为知识广泛传播。"大凤"号的规划设计人员理应具备相关知识，却没有在设计中加入合适的换气设备，这才导致了前文中提到的悲剧事故。

如果当时将敌方或我方的军舰事故当作他山之石，认真分析原因和对策，想必"大凤"号的结局会有所不同。山本先生进而指出"人们常说，不遭受胜负的残酷打击就无法将教训牢记于心。技术和诀窍往往是从失败中得来的，他人的失败也是一样。但是，在学习他人的失败时，仅有强烈的学习意愿，没有高度的科学技术的基础知识也是不够的"。"大凤"号的开发人员当中，哪怕有一个人对汽油泄漏或者混合可燃气体爆炸有一定经验，讨论预防对策，开发人员就能真实地了解到事情的严重性，想出周全的对策。

但在上述事件中，缺少了体感，难以真正掌握知识，以至于草率处理重要的环节，最终接连导致重大失败。

第一步是采取行动

我想读者应该已经大致了解了体感学习的重要性，总之如果你想要做出新的事物或设定新的规划，最重要的是采取行动，实际体验一番试试。

第一章中我提到了在大学讲课的事情，一个人在开始一段对自己来说未知的旅程时，等待他的往往是失败的结果。这不仅限于工学的世界或普通的学习生活，世间万事万物都是如此。只是设计出的机械无法运转，并不是失败的形态。煞费苦心规划的商业街活动没有吸引到客源，新产品不像预期那样热卖。因为方法或调料不对而做出了糟糕的食材，这些都是在开展有目标性行动，作为结果出现的失败的一种形式。

在遭遇这种失败的瞬间，如果心里产生了"痛苦""难过""后悔"之类的情绪，其实也是一件好事。因为在这一瞬间，失败的体验已经深深根植于失败者的心中了。换句话说，在那一瞬间，此人获得了接受新知识的资质。

获得接受知识的资质的人，与未获得该资质的人相比，在知识的吸收层面有云泥之别。不仅在工作中，在运动和

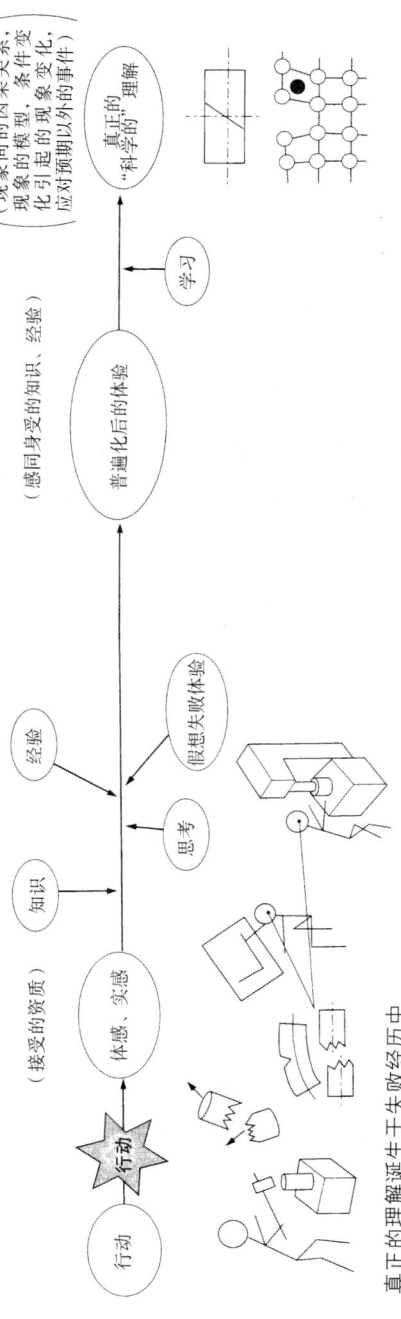

料理的领域,甚至对于那些已经有一技之长的人来说,一旦以行动中的失败为契机获得了接受知识的资质,就会迎来飞速的成长。我们常说"以失败为契机",事实上这里的"契机"指的就是接受知识的资质。

另外,前面已经提到过,体感学习有一项优点,就是人们能在实际体验的基础上获得能够实际应用的知识。持有明确的目标性开展行动,即便失败了也能为日后的成长储备能量,实在是美事一桩。

假想失败体验

首先要通过行动来体验失败,但当获得了接受知识的资质后,就没必要重复经历失败了。如果想要体验所有事物,不断地重复失败,这样不仅会浪费时间,也会消耗周围人对自己的信赖。有些时候,甚至可能会发生无法挽回的致命失败。因此,将失败控制到最低程度是与失败友好合作的基础。

有的人可以通过一些小的失败掌握接受知识的资质，将其加以应用，通过他人的失败经历也能得到可以活用的知识，走上通往成功的捷径。要做到这一点，最有效的方法是运用已经学到的知识，模拟亲身体验失败的经历，这就是所谓的"假想失败体验"。

"假想失败体验"这个名字听上去或许有些深奥，但事实上我们经常在无意识中使用这个方法。例如，第一章中曾提到过，研究室发生了氢氟酸事故，学生们进入实验室后会接受安全教育，他们听到这个事件时，大部分都自然而然地进行了假想失败体验。

前文已经提过这个事故，一个学生不小心徒手触摸了氢氟酸，导致手指骨开始溶解，为了治疗，要在手指的指尖处注射钙元素，而这无异于一种严刑拷问。辅导员说到这里时，学生们都仿佛亲身经历过一样皱起了眉头，这就是一种假想失败体验。虽说是他人的失败经历，但听者将其想象成自己的问题，获得身临其境之感，可以得到与体感学习相近的学习效果。

这时，如果听者经历过一些小失败，例如，他们虽然没有指甲缝被针扎的经历，但曾被刺扎到手指，那么对于氢氟酸事故就更能有真实的感受。这样获得的知识，其牢固程度不逊色于切身感受所得的知识，从那以后再也没有学生草率对待氢氟酸这种药品了。

除了这样做就会获得成功这种教学方法之外，还存在告诉学生一旦进入道路旁的岔路口会发生什么情况这种假想失败体验教学方式。这种方法不只是让学生阅读失败案例，而是让他们假设自己做了这件事。这样一来，学生们一方面能想象失败的后果，另一方面无须在现实中受到任何伤害就能获取经验，是一种正确的做法。

顺便一提，制造工厂等地进行的"危险预知训练"就是这种假想失败体验的一个实例。还有一些公司运用各种方式，用图片或视频展示事故发生前的征兆，介绍接下来会发生什么，如何预防这类事故，在集体中展开讨论。在生产现场的工人容易在叉车的前方夹角处与其发生冲撞，戴着军用手套操作车床时，有可能整个手臂都顺着手套被卷进转盘，这种活动的目的就是让人们看到工作中潜在的危险。另外，接待客人的行业中也会进行相应的培训，让员工们试想收到顾客投诉的情况，并告诉解决对策，这也是一种基于假想失败体验的培训形式。

在任何时候，一同介绍失败经历与当事人的痛苦时，听者的印象会有显著差异。另外，如果获得信息的人能切身感受到现场的氛围，他们对知识的体会程度与对现场一无所知的人相比，也有天壤之别。

了解真实现场的人，对于所有的课题都有真实的感受，可以换位思考。如果他们经历过类似的小失败，无论是看待安全管理，还是处理顾客投诉，对问题的理解就更加深刻，也更容易将他人的失败案例转化成自己的知识。

全面理解的重要性

如前文所述，行动是创造的第一步，这是本章最想要强调的一点。进一步来说，在行动之际，即便是小事也要尽可能地亲力亲为。

对于机械设计者来说，自己制作简单的机械并让它运转是很重要的事情。如果你的工作是活动策划，那么你就应该作为志愿者去参加一些当地的节庆活动或其他小型集会，积累一些从预算安排到人员配置的相关经验。如果你是动画作家，就应该尝试制作几十秒的动画作品，看看自己的成果。如果你是医生或护士，你就先把自己当成病人，以此为起点，开始你的工作吧。

这样一来，设计规划、动画制作、医疗行业，无论你在做哪份工作，都能有全面的体感和实感。对自己的工作有了一定程度的体会后，也能够推及其他各项工作，无论是对于工作的进展流程这种结构上的东西，还是对于必备的知识这类具体问题，都能有更深刻的理解。

因此我认为，首先切身感受整个过程，这是非常重要的。

在世间的很多场合都能见到全面理解的重要性。例如，一个优秀的制造业销售人员的条件之一就是"彻底掌握自家公司的工作流程"。

即便擅长维护与合作伙伴的关系，或擅长商业谈判，却没有掌握公司内部的业务流程情况，那么就算拿到了订单，也无法控制生产环节。最终，很可能导致无法按时交货。换句话说，一个优秀的销售人员要尽数了解第二章提到的树状构造中隐藏的关联。

而且，我最近听到了一个对于一个组织而言全面的理解也极为重要的相应的案例。神户制钢橄榄球俱乐部曾经连续 7 年位居日本第一，铸造了一个黄金时代。时隔五年，在 1999 至 2000 赛季又一次夺回了日本第一的宝座。神户制钢橄榄球俱乐部如此强大的秘诀就是每个选手都对橄榄球竞赛有全面的理解。

橄榄球这项运动中，球员的位置不同，在比赛中发挥的作用也不同。即使每名球员在各自的位置表现良好，整个球队却不一定能灵活运转。而神户制钢和其他队伍最大的区别就体现在队伍的整体表现上。

比如，其他的队伍在展开攻击时，暂且不论暗号攻防这类常规动作，在进行随机应变的动作时，没有持球的其他选手可能因为一时迟疑而耽误时机。但是，神户制钢的队员无论在什么时候，持球选手身边一定会有辅助选手，使得进攻可以顺利进行。

有人曾对我说过："如果不能让每个人都能全面理解橄榄球这项运动，比赛就无法进行。"

了解整体不仅对个人来说十分重要，对于塑造一个有创造能力的组织也尤为关键。

真假"老手"的区别

我在本章中再三强调体感的重要性,可能会让人产生误解:既然体感重要,对待一切事情都经验第一。然而,完全依赖于经验的学习,这种做法本身也存在一定的问题。

这个世上被称为"老手"的人中,有些人是用经验当盾牌,放出豪言:"我已经熟知了这些事情。"根据经验获得理解原本是一件绝妙的事情,但遗憾的是,这种经验至上的态度会成为我们的拦路石,挡住我们迈向从经验到创造的那一级台阶。

这世上有很多被称为"老手"的人,严格来说,他们分为两类:一类是以切身体验为基础,贪婪地吸收各种知识的"真老手";另一类是虽然积累了很多经验,但全然没能将其整理成知识的"假老手"。后者中的很多人是导致失败的种子生根发芽的罪魁祸首。如果出现他们无法应对的问题时,他们会采取无视问题、不采取对策,以视而不见的姿态导致事态恶化。如果由这种人担任组织的领导者,他们平日里对人态度傲慢,对于组织集体来说是十分危险的。

真正的老手是指对自己的领域有真正的理解（在理科专业工作来说，就是对科学的真正的理解）的人。这些人被誉为真正的专家。无论工作在什么领域，都以深刻的理解为基础，给人以严谨之感。

我在几年前有机会参加过一次吹炉式制铁的参观学习，在那里学到了很多知识。

吹炉式制铁法从古代传承而来，用以制作日本刀所需的优质钢材，这种制铁法一直持续至今。日本岛根县的出云地区只有冬季才进行这一作业，这一技艺的传承者都是日立金属的相关公司的职员，平日里他们从事着其他工作。

用"吹炉法"制铁的村下（摄于1994年1月）

这一作业的目的是传承日本古代的传统技术，并获得了日本文化厅的经济支援。

他们的工作是将铁矿石和木炭锻造成玉钢。每次作业前都要用黏土砌筑熔炉，取出玉钢时要将炉子毁坏，十分麻烦。这场持续三日三夜的作业是由名为村下的操作员指挥带领的。为保持炉内高温，需要不断传送热风，送风机达不到理想的效果，他们就用老式风箱当作马达。

参观这一作业时，我就站在村下负责人旁边，看不见炉内的情况，只能听到一些细小的声音。我详细询问了村下在此时所看、所听、所想到的。而他通过竹筒听到炉内的声响，就好像亲眼所见一般，详细形容了液滴状的钢滴落在烧得白热的木炭上，风箱有规律地运转，热风吹起液钢，液钢掉落下来的样子。

村下对于这些现象的理解，与我所知的现代大规模炼钢处于同等科学水平。此人通过自学，彻底学习了冶金学。他能完全掌握炉内的金属会发生怎样的反应，某样东西会变成何种形态。

一般来讲，人们对吹炉式制铁的印象都仅限于了解这是一种传统的制铁方法，没想到传承了这一古典技术的人不仅直接学习如何制铁，更掌握了最新的冶金学知识。这一事实带给我强大震撼的同时，也让我明白，只有这样才是专业人士所具备的真正的科学理解。

在此之后，我又去其他制作日本刀的现场进行访问，对专业人士询问相同的问题，发现他们都掌握了现代冶金学的相关知识。他们基于体感获得的知识进行自学，通过脑中的知识和渗透到体内的经验，最终得以传承这一传统的工艺。

另外，我在有机农场相关的案例中也听到了同样的事。如果想要探究有机农耕方法并充分运用，那么也会深入理解微生物学、生态学等生物知识。将基于有机农耕经历的体感知识和后期学到的知识完美地融合，想必那些能够被称作专家的人一定具备这种真正老手所具备的科学的理解。

通往真正的理解的理想途径

以行动开始，通过体感和实感获得接受知识的资质，而后不仅体会自己的失败经历，也通过假想失败体验的方式吸收他人的失败经验，并将这些学到的知识不断积蓄起来。最终通向真正的理解，这就是培养创造能力的最理想的途径。

所谓真正的（科学的）理解，不是解出方程式或者胡乱背诵公式，而是确切理解某一现象的因果关系，并且能够灵活运用所积累的知识。

如果此人头脑中能够构建出现象的模型，明白该现象会如何根据条件的变化而变化，那么他就能够应对预期以外的事态，继而也有能力设定新的课题。

假如一个人事先什么都没考虑过，面对突发情况时，头脑却突然异常灵活，游刃有余地处理了问题，这无异于天方夜谭。对于那些彻底地将事情考虑周全的人来说，所谓的预期以外的事件，其实也是跟预期相近的，因此他们也能妥善处理。

这一点，在第七章中会再次提到，事实上，真正的理解也包含这层意思。

第五章

正是失败孕育了创造

在前一章中，我已经说明为了获得创造能力，首先要亲身体验，而后通过失败的经验获得创造事物的力量。

本章将更进一步，解释将失败归为创造过程这一思考模式。由失败走向创造之路，这是"失败学"的一大支柱。利用思考平面图，我将详细介绍将失败升华为创造的技术窍门，也将谈到如何通过思考展开图来检查自己创造的事物并传达给他人。

逻辑思考的谎言

有一个词叫"逻辑思考"。这个词也可以替换成第二章中提到的"树状图式的思考"或者"条理清晰的思考"。不管怎么说,有人认为,为了从失败体验中创造出崭新的东西,这种思考方式必不可少,但我却不这么认为。

人们在向他人讲述自己的想法时,倾向于使用逻辑性强的说明方式。合理的起承转合和条理清晰的说明便于让听者理解谈话内容。然而在现实中,如果我们观察一下人们是如何思考问题的,就会发现"逻辑性"应用起来有些勉强,尤其是思考创造性的事物时。

从某个课题开始,条理清晰地展开叙述,直到达成目标,一路直指创造之路。在现实中,这样的思考模式几乎是不存在的。实际情况中,往往是先提出课题,而后想起要达成的目标,接着梳理逻辑思路作为补充。或者是脑海中突然浮现出目标,而后才整理出课题和条理,这种情况也时有发生。

即便原原本本地向他人叙述思考时实际在脑海中经历的流程,可能听者也无法完全理解。为了方便起见,重新整理思路后阐述给他人，进行"有逻辑的"说明才是真相。

如果不了解这一机制，就误解了"从失败中孕育创造时，逻辑思考必不可少"这句话，也就无法掌握真正的创造能力。在现实中，宝贵的失败也就无法高效地孕育出创造的果实。好不容易下定决心直面令人厌恶的失败这种行为也失去了意义。

在从失败走向创造时，任何人都有可能落入这个陷阱，让我们再详细看一下这个实际的思考流程。

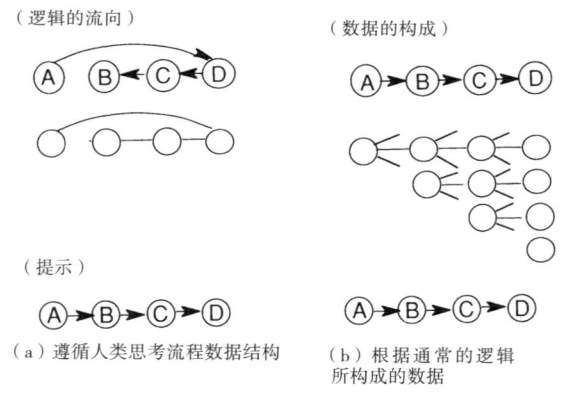

（a）遵循人类思考流程数据结构　（b）根据通常的逻辑所构成的数据

遵循人类思考流程的数据的结构和提示

思想的种子落于思考平面

请看下图。它展示了脑中进行的思考形式。图 a 中最下方的思考平面左端的 ◎ 代表思考的课题，右端的 ⊙ 代表由课题推导出的解，即达到目的。

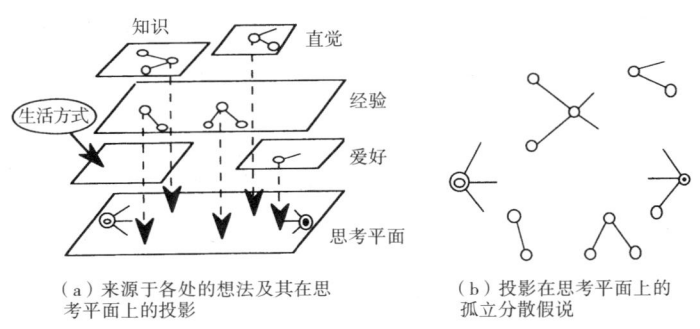

（a）来源于各处的想法及其在思考平面上的投影

（b）投影在思考平面上的孤立分散假说

脑海中形成于思考开始阶段的事物

人们在思考时，会从诸多来源吸收思想的种子。学校中学来的知识就是其中之一。另外还有直觉和通过自身失败体验所得出的经验。这些思想的种子被人的习惯和好恶过滤，全部落入一个被称为"思考平面"的场所，这就是思考工作的开始。

这些思想的种子彼此间毫无逻辑关联可言，在一瞬间同时散乱地出现，这一特征被称为"孤立分散假说"。在这一阶段，各种来源所孕育出的思想种子完全孤立，相互之间毫无联系。而后，各个孤立的思想种子开始结合，产生脉络，这是思考工作中最为重要的环节。

思想的种子相结合的方法是因人而异的。一般情况下，思想的种子会反复不断地相互结合，这一进程证明了失败与创造之间的紧密联系。我们无法用一个简易的模型展示这一进程，因为其方法可以无限地扩大。

在探究一个崭新的事理时，孤立的思想种子互相结合，最初可以暂且找到一个起点，尝试整理起点到终点的脉络，这就是思考的精髓。有的时候我们怎样努力都找不出脉络和联系，这时应果断地放弃，换一条脉络，尝试其他方法。

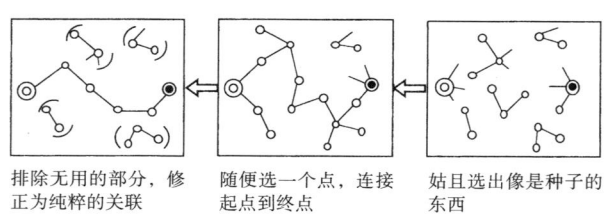

排除无用的部分，修正为纯粹的关联　　随便选一个点，连接起点到终点　　姑且选出像是种子的东西

思考的下一步的设计阶段，脑中的思考过程（建立脉络）

这种"尝试错误"在"失败学"中被称为"假说证明"。通常，在创造时，人们会反复经历失败，这也就是所谓的"在创造过程中无法避免失败"。

顺便一说，那些富于创造能力的人，在建立脉络时拥有自己的类似于"思考的野兽小路"的东西。它原本是指让动物们无须提防、安心行走的小径，在这里是指十分安全方便，在任何时候都行得通的思维模式。

在建立脉络时多建立一些"思考的野兽小路"，经历的失败数量就会减少，也就能早日找到解决方案。拥有很多条"思考的野兽小路"的人才是真正的老练行家。

并且，学校里所教授的是经过改良加工的知识，从问

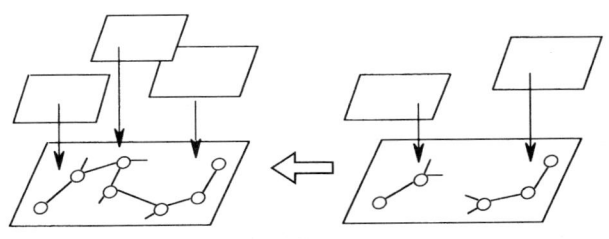

虽然有遗漏、矛盾和无用的地方，但仍达成了初期的目标（成功）

果断放弃，试试下一个→尝试实践却不顺利（失败）

假说证明所遵循的决定过程

题到结论一气呵成。在实际创造中，最终推导出的标准答案自不必说，就连打磨完工前的阶段，纷乱的思想的种子投影在思想平面上，将其脉络理顺，得出正确答案这一过程也十分重要，我们也有必要借此机会牢记于心。

最近，我有机会与著名的理化研究所的脑科学家松本元先生交流。我向松本先生介绍了这个思考平面图中的创造过程后，他对我说："畑村先生，您的这个想法正好与大脑中真实的创造过程一致。"

我不是大脑科学的专家，也没有系统性地学习过脑科学。然而从不同的研究方法入手，却与脑科学得出了相同的结论，这实在是非常有趣的事情。

重要的"假想演习"

在创造事物时，从建立假说出发，无论如何先把起点与终点联系起来，至少也会完成最初的目标。在这一阶段，如果你的课题是机械设计，那么姑且让机械动起来。如果你的课题是商品开发或者活动策划，那么无论商品是否能够销售出去，是否能够吸引到大量消费者，只要完成开发商品、开展活动，也算是最低限度地达成了当初的目标。

到了这一阶段，有人会觉得"这样不就够了吗"，继而停止思考。但实际上，这种姿态是无法创造有价值的东西的。在机械工学的世界里，人们并不认可这样的设计，称其为"低级设计"。机械不是只会动就可以的。

以失败为食粮且拥有创造能力的人与那些不擅长直面失败、不善于创造新事物的人，这二者之间的差距不仅体现在投影在思考平面上的思想种子的质量，还体现在为思想的种子建立脉络后的姿态。经过辛苦思索得出的结果不应止步于"低级商品""低级策划""低级设计"，而应该将这个阶段当作创造的起点，这是创造所必需的思想准备。

无论是商品开发还是活动规划，抑或编辑电影和小说，为了创造出有价值的东西，最重要的是反复讨论这些由思想的种子衍生出的东西是否真的有意义。尤其是不擅长思考和创作的人所做出的东西，其中包含着大量的勉强、无意义或不充分的内容，为了日后制作出更完善的作品，应该多次讨论修改。

此时,"假想演习"不可或缺。假想演习就是对能想到的各种状态进行假设预演。以商品策划为例,当拥有大致的脉络时,就应该思考商品在哪个价格区间容易畅销,目前的设计是否合适,如果不畅销该如何改变设计,周围状况出现变化时该如何应对等,设想这一系列问题,并进一步优化创造出的方案。这一工作的目的就是查出各种问题点,排除牵强和无意义的内容,精益求精。

其中最重要的是正视设想中的失败。人们在面对自己辛苦制定好的规划时,经常倾向于往好的方面想。虽然肯定自己制订的计划是一件好事,但这样的心理很可能导致过于低估负面的假设,使整体的策划变得过于肤浅,最终

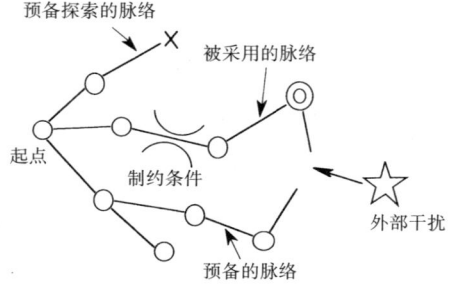

假想演习

实施的时候才发现"不妙"。我们有必要注意这种情况。

在这一阶段，除了目前提到过的普通的假想演习，我们也不应该局限于个人的思考，而是将自己思考的脉络与他人设想的问题相碰撞，这种方法也十分有效。例如，在我的研究室里，对外发表研究成果前，首先会在小组内部彻底举行一次相互评价。

大学中教授与副教授，或者教授与学生之间有很清晰的上下级关系，这带来了一个缺点，即人们倾向于照着上级的意思去做，无法做到精益求精，导致组织变得僵化。为避免这种情况，小组内的彻底评价十分重要。为此，我曾叮嘱我的助教授："让我们各自直抒胸臆。以往我们意见不同时，最终曾采用过你的意见，因此不论什么时候都不要有顾虑，把自己的见解说出来就好。"也许是这句话的作用，现在我的助教授会直言不讳地批判我的想法。

坦率地说，自己创造出的东西遭到周遭的评判时，心情并不是太好。虽然常常想"这算什么"，但经历过这样的试炼后，经过打磨的思想获得大家的公认，当思想有用武之地时就会发挥其真正的强大作用了。与此相比，遭受周遭批判时的不快实在不值得一提。

将这种牵涉了他人的假想演习加以改良，大致克服设想中的问题点，这样一来无论是规划，还是设计，在发表之后都能够发挥真正意义上的强大作用。如果因为讨厌被人评判，致使问题没有得以清除，那么有可能在公布之后遭到抨击，演变成更大的耻辱，因此我们应该尽早地彻底进行假想演习。

大胆舍弃思想的种子

另外，假想演习做得越多越好，并且为了精益求精，应该尽可能地把它当成"应谨慎进行"的事情来对待。

假想演习是指在思考平面上选取一个端点作为起点，修正起点到终点的进程，排除牵强和无意义的部分，只将那些纯粹的关联点连接到一起。有的时候，其他的思想种子有可能投影在其他的部分，这会完全改变脉络。

而且，在进行这一作业时，在排除牵强和无意义的部分并重新连接脉络的阶段，必须注意不能贪婪地想要全部保留这些丰富的思想种子，必须大胆地取舍，要用心做到精益求精。有很多人会觉得"好不容易获得的思想种子就这样白费了"，想要保留全部种子，这样无法创造出有意义的东西，这一点我们务必要注意。

我的研究室曾接受过 NHK 的采访，虽然采访时摄像机围着我们拍摄了一天，但实际播放的时候只使用了约一分钟的影像。另外我听说吉卜力工作室在制作《幽灵公主》这部电影时，员工努力拼命画出的画被宫崎骏导演全部丢弃。连日彻夜工作的员工肯定会觉得"这算什么"，然而如果不用心将糟粕清除，那么肯定无法创造出有价值的东西。另外，在怀石料理等料理中，连剥芋头的方法都是这样，能够食用的部分也会被去除，只将最好吃的部分留下来。为了创造出真正有价值的事物，必须大胆地取舍，这是任何工作都共通的真理。

在这个意义上，我们没有必要拘泥于最初创造出的事物的原型。倒不如说如果不对其进行彻底的批判和改正，就无法创造出有价值的东西或有意义的策划。

不说出口的常识

　　我想到目前为止，读者已经大致理解在进行与失败密切相关的创造行动时，思想活动是如何在思考平面上推进的。接下来，我们简单介绍一下为了实现更为卓越的创造必不可少的东西，也就是所谓的创造的灵感。

　　在机械工学的领域里，有"总体工程学"这个词汇。其含义是，在获得一个构思时，持续这一构思并不断向外拓展，将其与其他事物关联起来。拥有这一能力的人常被评价为"有卓越的工程学灵感"，这并不是听别人说说就能马上掌握的能力。

　　大多数时候，技术人员只关注自己想要创造的事物，认为只要尽可能做好自己的工作就够了。然而，如果不考虑自己创造的东西会给社会带来怎样的影响，那么他是无法创造出真正意义上有口皆碑的作品的。

　　例如，一个有才能的技术人员开发了一款大幅提升基础性能的摩托车。此人只关注制造好的机械，想要保留下自己创造出的优异成果，然而如果使用摩托车的人只在普通公路上骑行，那么他们对性能上的巨大提升很难做出正面评价。

假如,这种提升导致年轻骑手在公路上恶作剧飙车,从而引发交通事故猛增等危险事件,那么提升基础性能就可以说是一个祸源了。另外,如果性能提升的结果是让燃油费从现在的基础上下降了两成,那么在当今时代,这类摩托车应该会获得很高评价。

本来,在创作阶段技术人员就可以充分地预测此类问题。负责创造的人不应停留在自己所处的狭小世界里,他们应该从更广阔的视角来思考自己正在进行的工作,用心清除已显现的或能考虑到的不良影响。能否做到这一点也成了判断一个人是否拥有创造灵感的标准。

优秀的工程师、优秀的策划者、优秀的创造者,即便面对沉默的环境,也会从一个构想出发,与外缘建立联系。反过来看,为了获得更多的创造灵感而继续学习这种姿态,在确认构思对象后,练习与外部建立联系是很有必要的。

以技术人员为例再思考一下这个问题。假如这个设计师是一个拥有卓越的创造灵感的人,他每天开车,从报纸上看到关于全球变暖的报道,了解其成因是二氧化碳,于是他想知道一年内自己在生活中制造了多少二氧化碳。

如果他觉得"自己没必要知道机动车每年排放的二氧化碳含量"而立刻放弃计算,那么他作为技术人员是失职的。而且,只要具备基础知识,任何人都能做到这种程度的计算。

首先,了解自己的车辆在这一年内行驶的距离,只要看一看驾驶公里数就能简单的获得这个数据。其次,参照在加油站收到的收据也是一个方法,只要计算加油总量和燃油费的数字,就可以推导出二氧化碳的排放量,这绝不是什么难事。

例如,一年当中行驶的距离是 5000 公里,每升燃油相当于 10 公里,燃油中汽油的含量按照 0.8 来计算。一年中所使用汽油的重量正好是 400 千克。

此处必须知道原子的原子数,氢元素是 1,碳元素是 12,氧元素是 16。大多数燃料都以碳元素为中心,并仅与氢元素相结合,如果其燃烧后分解成 H_2O 和 CO_2,我们可以认为 400 千克重的汽油约合 400 千克的碳元素,"400 千克乘以 12/44"这个计算方法是成立的。这个数字中的 12 代表碳元素,44 表示的是 CO_2 的原子量,因此我们可以推导出此人一年间排放了 1.5 吨含碳元素的气体。

技术人员熟练运用基本知识，解答出了这个朴实的问题，他接下来估计会想到"这真是很惊人，必须得采取对策才行"。因此，即使他本人不制造机动车，作为技术人员也能够在自己的岗位上活用从此处获得的知识。

事实上，想要做到这种程度的理解，只需要具备中学程度的理科知识就足够了。有疑问时，这个技术人员认为"我没必要知道机动车一年的二氧化碳排放量"，那么也就不会做这些无意义的事情了。

我认为拥有创造灵感的人和没有这一灵感的人的区别，就在于他们是否能够熟练运用自己大脑中已经具备的基础知识。进一步说，就是能否将类似二氧化碳问题这种在日常生活中获取的信息与自己的工作建立联系。为培养这一灵感，需要我们扎实努力，将每天生活中所获取的东西与自己的工作联系起来。

设置灵感笔记

作为个人，我们有必要持续努力提升自己的创造能力或者说规划能力。这或许稍稍偏离了失败的话题，不过我想介绍一下我为了提高创造能力而设置的"灵感笔记"的活用方法。

我平日会做"灵感笔记"用于工作或科研中。换句话说，这就是我自己专用的新创意的备忘录。

在使用灵感笔记时，不需要考虑要供他人阅读，可以使用任何纸张。可以使用笔记本，或 A4 大小左右的纸张，然后放入活页夹，妥善保存起来，以免突然想要查阅或随身携带的情况，后期使用也非常方便。

在这张纸上写什么完全是个人的自由。可以写公司经营、商品企划、活动企划等工作相关的事项，也可以写高尔夫比赛、朋友聚会、料理等私人事项。设定一个自己感兴趣的课题，首先请自由地思考。但是，无论从哪张纸开始书写，请务必在右上角标明当天的日期。

先笼统地设定一个题目，在一张纸上任意地书写脑海中浮现的与之相关的事物，也就是投影在思考平面上的创造的种子，没有脉络也无妨。这些涌现在心头的思想种子不一定要处于相同的层级，也不必具备逻辑性。只要按照自己所想，随意地记录下来即可。

做完这项工作以后，在这张纸上认真记录下想要写这份灵感笔记的动机和背景。不需要考虑得过于复杂，如果以赚钱为题目，只要写下"咨询朋友是否有好的赚钱方法""受到启发后，自己务必在心中寻找到一个答案"就足够了。

此处有两个要点：一是要使日后自己在查阅笔记时易于理解，二是应准确无误地记录自己的想法以便日后正确地回忆。因此，我们必须在纸张的左上角写下能涵盖整体内容的标题。它和书写日期的要领相同，一定要在记录之后添加到左上角。

创作标题的工作，就是寻找能够代表整体内容的概念，而后将其整合成标题。决定好标题后，所有杂乱的概念就升华成了一个概括性的、高级的概念。更进一步讲，它也成为日后用以重新审视内容、查询要点的关键词。

假如忘记写标题或标题不准确，那么在日后有需求时，就很可能无法立即找到需要的内容，或只能找到一些乱

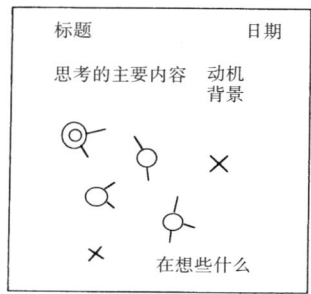

a. 暂且把纷乱的灵感写在纸上

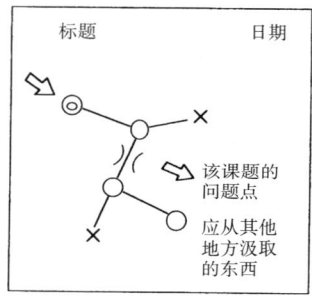

b. 建立脉络

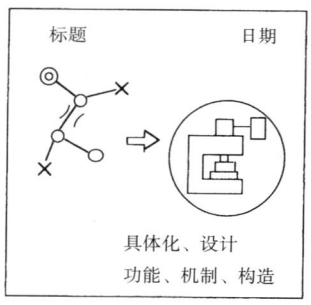

c. 将思考具体化，解决每一个实际问题

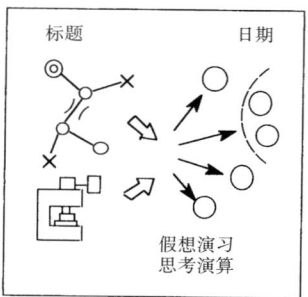

d. 思考后期发展

七八糟的记录，完全不清楚其中的含义。这是我经历了多次的失败所获得的经验，请大家务必留意，不要重蹈覆辙。

接下来，让我们转到第二张纸。在这里我们将给随意记录下的思想的种子建立脉络。从最初大致设定的题目入手，建立从题目到结论的脉络，这与之前介绍过的思考平面上的创造思想的做法相同。

通过这一工作整理好脉络后，不仅能强化自己设定的课题中笼统的方向性，也能明确达成目标所需的具体项目。另外，也能清晰地显示自身存在的问题点。更重要的是，通过这一过程，能够了解为达成目标还需要哪些知识和协助。

事实上，我之所以说在第一张纸上所做的工作，最初不一定要写下明确的题目，就是出于这个缘故。在灵感笔记中，即便最初笼统地设定了一个题目并开始书写，在接下来添加脉络这一创造的来源时，会逐渐明确应该处理的课题。

说起来，由个人设定课题这类工作，如果不是对创造思考十分熟悉的人，是很难达成目标的。将灵感笔记用在寻找真正需要解决的课题，是因为这的确是一个有效的活用方法。

从此处再进一步，在第三页灵感笔记上，我们思考如何将课题具体化，解决每一个实际问题。这里所做的事情，与规划、企划、设计等所有创造性的工作完全相同。

接下来，在最后的第四张纸上，我们将利用假想演习等方法让思考得以发展。如果书写的课题就是我们的事业，而思考要往何处推销开发好的商品，如何提供给用户，是否要获取专利，怎样寻找商业伙伴等问题就属于发展阶段的范畴。

不过，在这个发展的阶段以及之前的具体化阶段，务必需要注意的是应以肯定、积极的姿态进行思考。在实际创造时，想着"到处都在出售这样的东西""别人肯定已经开始进行这个企划了""这个设计绝对有人做过了"，在开始创造前就被这些可能性击垮，这样的案例也屡见不鲜。这并不是进行创造工作的人所应有的态度。

假设事实真的是"别人已经开始实施了"，这和我们积累创造的种子这项工作也完全没有关系。设置灵感笔记不仅仅是储备创造的种子，更是进行创造性思考的训练，我们不应自己设定全盘否定的制约条件，而应该自由地发挥想象力。

最后，我们再来温习一遍保存灵感笔记时要注意的重点。从用以任意记录思想的种子和来源的第一张开始，直到第四张纸，是否每张都在右上角标注了日期，请再次确认一下。

标明日期是为了让记忆更容易留存下来。灵感笔记中往往记录了不同领域的事情，很多时候我们完全搞不清楚这些想法与什么相关，以及其实质是什么。即使在这种时候，脑海中也容易留下对这些日期顺序的印象，这是最好的管理方法。

接下来，请再次确认是否从第一张纸到第四张纸都在左上角写下了能清晰表达内容的标题。这样做的目的在前面已经提到过，是为了把整理后的形式升华至更高层的概念。

另外，给想法添加一目了然的标题，便于结构性的记录和管理，方便日后的检索工作。如果能够熟练地将储存起来的灵感制作成数据库，那么等到 10 年、20 年之后再将其活用，这完全不是梦。

而且，如果是由他人来检索这些附带有标题的普遍化的信息，也能够充分活用这些信息，这也是一大优点。灵感笔记的出发点无非个人的想法笔记，从这个意义上来讲，根据使用方法的不同，灵感笔记中也蕴含着无限的可能性。

表面计划与背面计划

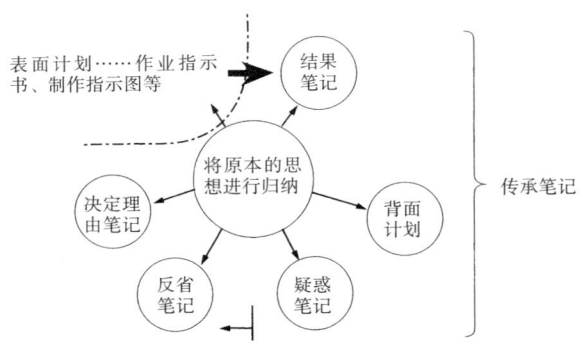

表面计划与背面计划

在进行规划或设计这类创造性的工作并传达自己的想法时，必须制作企划书或者设计图。在设计的领域里，这被称为"表面图纸"，本文中我们就统称"表面计划"。

表面计划是指一切企划书或为实施企划而制定的作业指导书和制作指示图。它是为了让第三方了解工程实际进展中的全面状况和作业指导而制定的,外部的人也知道其存在。这时,一般情况下,创造者会整理反复提炼的思想并书写下来。但是却不会记录从最初设定的主题到创造的脉络。这世上有很多以创造能力见长的人想要从表面计划中学习一些技巧,然而事实上这种方式对个人的创造毫无启发作用。

任何事物都是这样,表面计划的内部可以被称为"背面计划"。像前面提到的灵感笔记那样,从表面计划中我们不能观察并了解事物,只能从设定的主题开始沿着创造的脉络来记录书写。不同的人可能会把它画成简单的漫画、涂鸦式的概念图,或者仅仅是非文章化的脑海中的记忆。

对于那些在实际创造性工作上经验丰富的人来说,制定背面计划应该是一个常识,但一般情况下人们并不知道。人们在方法论式的企划书写法、设计图画法中,往往只提及表面计划的格式,而毫不触及作为基础的背面计划。这样一来,无论怎样学习此类教科书或规划设计教程,也无法掌握真正的知识。

我将背面计划按照特征分成几个类别,建立如下的笔记群。

疑惑笔记——用以记录策划和设计阶段中浮现在脑海中的各种想法、商讨后的内容，以及各种迂回曲折，可以由此了解规划者在哪些要点上产生过疑惑和烦恼。

决定理由笔记——此处记录的是将策划和设计精益求精并确定最终方案的理由。从这一部分可以了解到该策划设计的思考方式等根本性的内容。

结果笔记——记录策划和设计的结果。在这里记录下实际行动及产生的结果，可以作为下次策划和设计的参考。

反省笔记——全面概括策划和设计。策划者通过想象出的全局，可以了解策划的优点和缺点。

传承笔记——这里记录的是当事人希望超越时间的限制，将策划和设计的结果传达给后来人的内容。其中包括应该反省的点和注意点等，可以说是鲜活的失败体验信息，学习这些内容对于第三方来说是很好的参考。

背面计划里包含了策划的意图和脉络、思维流程、失败信息等内容，当我们自己做策划方案时，对启发创造大有裨益。另外，他人也可以通过学习这些笔记而汲取创造灵感，这是一份十分宝贵的财富。重要的是要在集体内部商讨如何积极地将其活用，把它和失败信息一样整理起来并整理成数据库，大范围地传达信息。

纵览思想的整体结构

我们运用本章的思考平面图来说明一下创造性思维的大致流转方向。这里我们不会再提及思考平面，而是重新来看从确定主题到达成目标，与思想的种子相结合的流程在实际中是怎样运转的。

前面已经提到过，人们在思考问题时，并不是原封不动地使用将概念分组化的树状图。

虽说如此，树状图的确是最合适的整理知识的形式，我们思考的事物最终都会变成树状图。事实上，这些东西也可以用思考平面上的思想种子的脉络构成示意图来说明。

在思考平面上，从起点向目标进发，假如我们以创造一个崭新的设计为例，其脉络的流向是从所需功能开始，依次经历性能、性能要素、结构要素、结构、整体结构这几个环节。上述的各个阶段并不是按部就班地进行的，而是像前面提到过的那样，随着人脑海中的念头跳跃式进行，不断前进往复，逐渐建立起全貌。

153页的思考展开图很好地表现了这一情景。通过思考展开图，我们可以清晰地了解最初揭示的所需功能是怎样被一步步具体化的。当事人沿着这个思路，不仅能够清晰地整理出自己思想的实质，也能正确地向他人传达思维脉络，是一个很有效的方法。

这个思考展开图不局限于机械设计领域，还可以用于一切需要整理思想的创造性行为。这个图示也可以检查自己策划中的漏洞。

这时，构成思考展开图里的所需功能这一部分，就可以原封不动地替换成"策划主题"这个词。功能就是"课题"，功能要素也就成了"课题要素"。与之相对应，机理要素就是为解决课题而采取的"具体的解决方法"，结构即"具体方案"，最终的全体结构可以替换为"完成目标"。

我们以汽车开发作为一个具体事例。在这里，从所需功能中设定的课题是"搭载乘客并行驶"。从这一起点直到

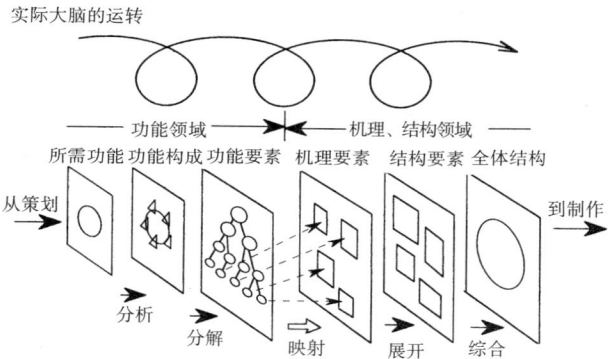

创造性设计中的思考展开

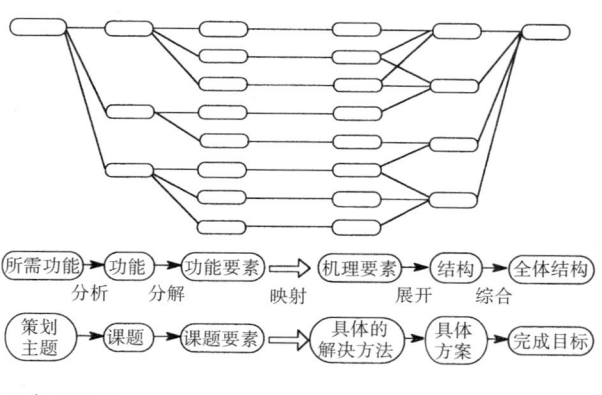

思考展开图

"汽车"这一全体结构的思维进程，展示在155页的思考展开图中。

不用说，在实际开发汽车的过程中，从所需功能开始到全体结构完成，其过程不会一帆风顺，这一点已经反复强调过。首先建立起脉络，获得一个"低级设计"，而后像下图中的螺旋线所示的那样，从功能到功能要素、性能要素、结构，思维在各部分间不断往复，自然地流转。

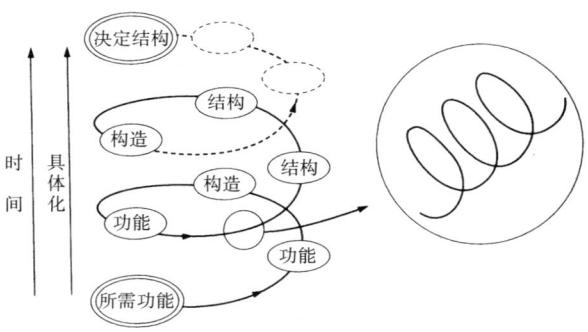

（a）基本过程所遵循的螺旋线　　（b）逐个展开的螺旋线

设计领域思考过程中的二重螺旋线

156页的示意图展示了另一个案例。企业在促销新产品时，最少也会经历10次、20次"低级规划"，不断精益求精。

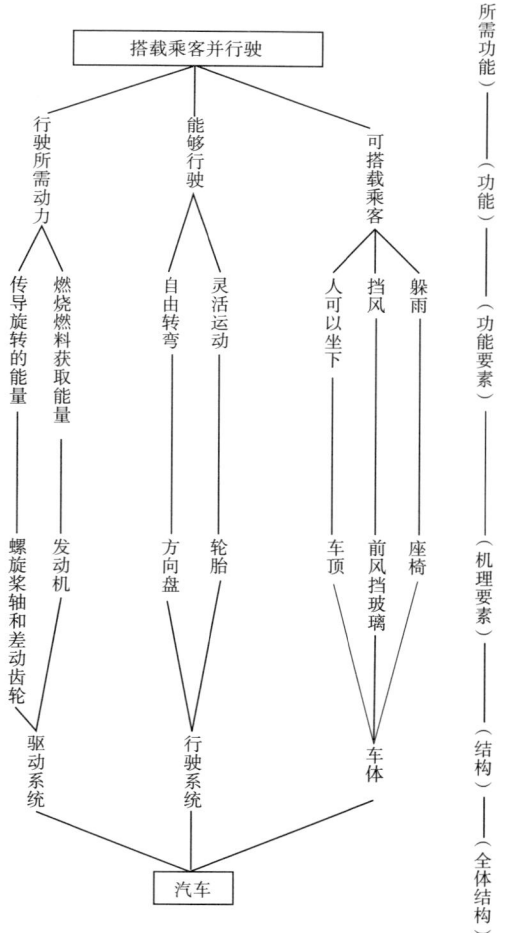

汽车开发领域的思考展开图

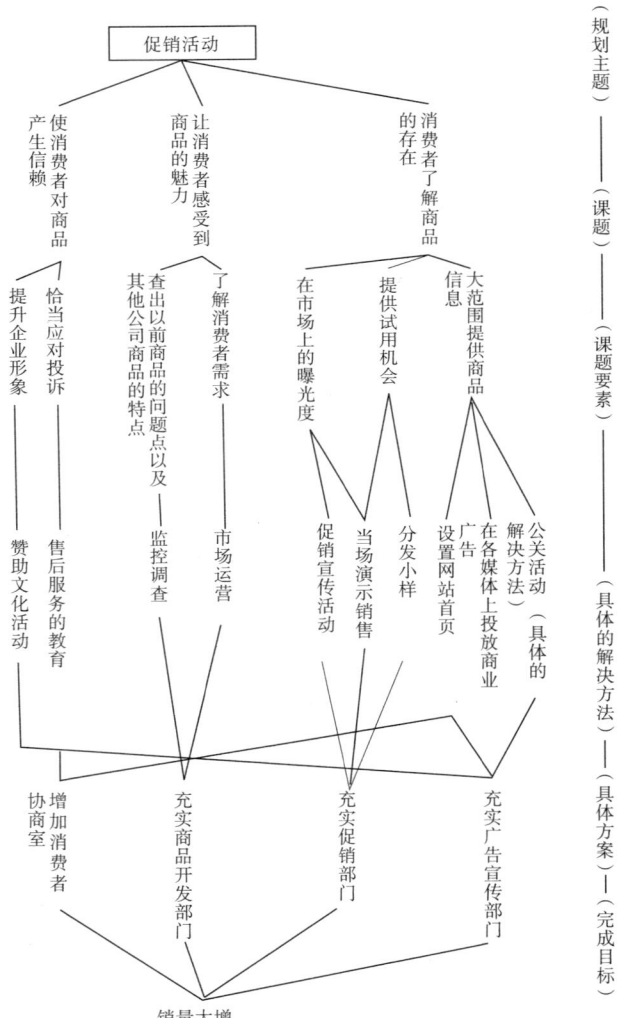

某商品促销时的思考展开图

一切创造都源于假想演习

创造过程中的这一思考方法不仅适用于机械设计或商业策划领域。人们在创作小说、音乐、绘画等作品时也同样适用。闻名于世的天才看起来似乎瞬间就能完成美妙的文章、音乐或绘画，然而事实却并非如此。

例如，贝多芬用了30年才完成第九交响曲。准确地说，第九交响曲是这30年来的集大成者，而作为主题的旋律，早在此之前就已经完成了。

另外，人们总认为作曲家是在弹钢琴的同时创作曲子的。但事实上，弹钢琴只是再次确认脑海中已经建立起的脉络而已。还有，在画画时，画家在画布的一端着手描绘的其实是曾在脑海中无数次重新修改过的图像。任何小说家、作曲家和画家，都是从脑海中的抽屉里取出思想的种子，添上脉络，加以推敲，不断打磨，创造出更好的作品，这就是他们日常进行的工作。

包含策划和设计在内的创作中，如果希望获得好的结果，这项工作是不可或缺的。任何事物，都无法从一开始就获得完美的成品。没有经过假想演习的修正而直接问世的作品，总是让人感觉缺乏魅力。

　　反过来，经过反复打磨的作品蕴含着和谐的美感。例如，看上去和美感无缘的机械，零件的排列方式或系统的运行方式中竟然体现着美感，实在是不可思议。这是公认的一切创作所共有的特征，也是我们自己在实际创造时的宝贵启示。

第六章

立体地理解失败

在本章中，应该探究认真地面对失败、从中学习、活用失败将会给社会带来怎样的益处。并且扩大视野，为了解如何将其具体化而从各个角度审视失败。

理解包含着"潜在失败"的损失——经济与失败

虽然潜在的失败和事故有很高的发生概率，然而现实中还是有很多组织机构对此毫无察觉，对失败的预兆视而不见，照常运营，最终引发无法挽回的致命失败，这样的案例在我们身边接连发生。

这类事故和问题带来失败，其深刻的影响也会直接冲击着当事人及其所在行业。为防止这种事故发生，我认为应该不避讳地找出作为潜在危险而存在的失败，导入良好的经济机制，将失败的预兆看成是一种收获。

最近发生的案例中，雪印乳业，以及令核电站安全神话破灭的JCO临界事故，给两个公司及其所在行业带来的负面影响无法估量。

雪印乳业在当时占据了日本全国牛奶销售量的20%，是业界最大的企业。一时间工厂全面停产，从单纯计算的角度来看，日本的食品卖场中有1/5的牛奶会消失掉，引起这一异常事件的就是之前发生的集体食物中毒事件。

这场骚动让消费者产生了"牛奶本身是好的食物，但安全性上存在问题"这一疑点。这不仅对雪印乳业的制品，甚至对牛奶的整体消费活动都造成了不良影响。

另一方面，JCO 的事件也引发了相同的恶性循环。在处理高浓度铀时使用铁桶并进行手工作业的确会在瞬间为企业提高工作效率。然而，无视安全的作业带来了举世震惊的临界事故，让公司蒙受了与既得利益无法比拟的重大损失。

在很久之前社会各界对于核电事业的安全性提出质疑。在这次的事件之后，人们对核电的不信任感加剧，立场微妙的核电事业无疑陷入了困境。

只顾眼前利益，看不到失败的可能性，最终蒙受巨大的损失，这样的情况并不少见。

减少原本必须进行的维修保养次数，使得生产系统能够充分运转。改为手动操作后，作业者的选择缩短、生产效率提升，人才派遣公司在根据需求提供操作人员的同时，大幅提升劳务费用，这种情况在任何一个企业都很常见。然而，与之相反，针对为消灭失败而进行的安全管理，比起让经费为此而增加，人们反而会觉得"可以的话希望不做"，实在令人感到困惑。

毋庸置疑，企业最大的目的应该是坚决追求利益的提升，但是为了眼前利益而背负巨大风险的姿态是完全错误的。结果上有可能给集体带来几乎致命的损失，这完全是无意义的事情。

前面提到过的雪印乳业，在 2001 年 3 月的决算中，确认面临自 1950 年上市以来的大规模的赤字，这大概是事实。另外，这次的集体食物中毒事件又让他们失去了"信用"这个千金难买的东西。

事故带给消费者的恶劣印象很难抹去，有的时候会几年甚至几十年地持续下去。只追求眼前利益，就会招致这类能够决定企业存亡的危机，企业有必要彻底改变思考方式。

雪印乳业的问题，并不是一个特殊的案例。像这样忌讳失败，不严肃认真地面对失败而持续运营，无论什么企业都会招致相同的后果，这个道理不言自明。

要防止这种现象，只是口头上的注意、努力是没用的。与其这样，我认为建立一个让难以被发现的失败显现的经济机制是很有效的。小的失败传递了致命大失败的信号，我们应该关注它们，绝不应忽视。为此，企业可以在资产负债表的负债项目中加上"潜在失败"这一项。

按照目前的国际标准,反映企业业绩的资产负债表中应包含账外损失、账外收益这两个科目。虽然在日本,也可以将不能直接看到的损失和利益隐藏起来,但是为了将来与国际标准相契合,我们应该调整记账方式。我提议,可以在新的资产负债表中的负债科目下,增加"潜在失败"并进行会计处理。

"潜在失败"就是预测一旦失败发生时的受损害程度,用总额乘以发生概率,计入账外损失账目。这种思维方式的基础是规避风险的保险思想,以当时市面价值进行评估。

说起来,我认为除了遭遇未知以外,一切的失败都是可以预测的。事故也好失败也罢,在其以大规模形式出现的时候一定同时存在着30件左右的小事故、小失败,而其之前又有300个信号以预兆的形式出现,只要学习过这所谓的海因里希法则,经历了许多小失败的企业就可以推算出遭遇大型失败的概率。再进一步观察这个企业的状况,就能从某种程度上判断该企业是否容易招致大的失败,这样的法则的确是存在的,下一章会继续说明。

这样一来,我们可以设想事故或问题的发生会给经营了30年的品牌形象带来实际的一兆日元损失，事故和问题发生的概率可能推算为每年3%、5%等。根据顾客的需求提供保险产品的保险公司等，在计算实际的保费时就是采用了类似的计算方法。

假如某公司推导出其遭受大型失败的实际损失是1兆日元，出现失败的概率是每年3%。那么该公司所背负的负债风险就是1兆日元的3%，即每年300亿日元的负面因素，我们可以这样推导其失败的概况。

事实上，预测失败的实际损失十分复杂，一时的失败损失和长期的失败损失相交织，必须都计入评估。虽然这么说，如果是以休业补偿为目的的保险等，以类似的思考方式进行，并不断推进研究，还是有可能实现的。

确定这样的失败评估后，接下来恐怕就需要外部专业人士进行的调查结果或者主观印象来进行评估了。像隐瞒了召回事件的三菱公司那样，对外隐瞒小失败的企业会因此而得到高失败概率的评估，负债中的"潜在失败"科目中记录的数字也会相应变大。

如果将这些失败评估导入企业的会计账目，人们对那些容易诱发事故或问题的企业的评价一定会比现在低很多。

一直以来刻意地忽视失败，置之不理或隐瞒失败的企业，恐怕只有当自家企业的股价折半，才正视企业中存在的严重问题吧。

从经济原理的角度来思考，任何企业在面临存亡危机的关头都自然地会采取一些对策，他们能够以直面失败的姿态开始真正意义上的改革。这种做法在给企业贯彻"不对失败采取措施即为损失"的意识时十分有效。

再进一步，企业逐渐能够产生"运用失败时应该以当时的价值进行评估"这样积极的想法。这样做能够降低"潜在失败"的负债，提高大众对企业的评价，这意味着逆转形势的想法登上舞台。

在企业活动过程中，与失败友好相处能够带来更高的实际利益，直面失败时，将失败置之不理或视而不见的风气也会逐渐消失。这就是"失败学"的宗旨，也是我提出"失败学"这一概念的初衷。

从几年前开始，"环境"这个词成了评价企业的关键词之一。从前，我们一般认为环境是与企业的盈利活动相反的。然而现在，不注重环境的企业在市场上的评价会变差。我认为"失败"同样应该成为评价企业的关键词之一。

不管怎样说，社会在活用失败时，实际上是用这一思想来分析并应对的。

遗憾的是，当前的社会体系中并不存在认为失败的发生"理所应当"，并且能够积极地利用失败这样的做法，甚至整体社会中也并不存在这种构想。但是，随着前述的以"失败学"这一形式来推进该学科的体系化进程，以及经济学和会计学的专家不断研究，或许就能够在社会中构建起各种积极应对失败的体系。

加入"训练失败"——人的心理与失败

接下来，我们从心理学的角度来看一下失败的案例。

第三章中曾解释过人们"试图隐瞒失败信息""试图改变失败原因"等失败信息具备的特性，其中很多都是由心理学观察所论证出的人们在面对失败乃至失败信息时的倾向性行为。总体来说，人们在面对失败时，通常会试图隐瞒，同时会感到自责，并且倾向于对自己进行不必要的谴责。

发生失败时，周遭倾向于单纯地批判失败者，如果我们不了解导致失败的背景和当事人的这种心理状态，我们就无法正确地处理失败。了解失败者的心理，对于防止致命失败的发生尤为重要。

人在面对失败时还有一种常态，就是会陷入惶恐，停止判断。这里提到的三种心理常态中，停止思考是最糟糕的。

停止思考就是失败带来了实际伤害时，当事人停止了思考，无法采取合适的对策，无法及时扼制伤害的加剧，选择对正在发生的一切事情视而不见。停止思考是造成失败的连锁反应扩大的最大原因。停止思考会对失败次数和受害规模带来重大影响。

由于停止思考而导致伤害扩大的典型案例就是火车的二次相撞等事故。以前的日本国铁的制度中，信号所的职员没有让列车停下的权利，也无法使用列车无线通信。如果在此人面前，两列火车相撞并脱轨，结果可想而知。

本来就处于慌张惊恐中，又没有相应的权限，无法改变信号传达危险信息。如此一来，虽然知道下一辆列车马上就要驶入,但并没有职员汇报这一情况,所有人都陷入了停止思考的状态。

这一状态无法避免失败的连锁反应,最终由于联络失误,导致三列火车相撞,受害范围扩大,这是必然的结果。1962年造成160人死亡的常磐线三河岛站附近的两次相撞事故等,都是典型的案例。

停止思考会导致失败的连锁反应扩大,为避免这类大型事故和灾难,例如,为避免三河岛站的惨案,可以采取导入联络用的列车无线通信、赋予工作人员让列车停止的权利等一系列应对措施。事实上,日本国铁在事故发生后的确采用了这两项措施。

这的确是正确的应对措施,不过严格来讲,应该区分为两大部分。

一是为确保在紧急时刻不犯错误、正确行动,有必要全面把握工作、业务的整体流程。

在一个成熟的体系中,任务分配明确,负责人很容易过度关注专业领域。这是具备成熟体系的组织的宿命,培育各个领域中顶尖的专业人士并不是坏事,但如果缺乏对工作的整体认识和归属意识,不知道自己在什么位置、扮演什么角色的话，仍然无法在关键时刻做出合理应对。这一点在第四章中也提到过，整体认识这一思考方式是相通的。

特别在日本，组织中贯彻手动化，强调TQC（整体、质量、控制），杜绝规定顺序以外的操作。换句话说，就是造就了停止思考的状态。TQC本身在推进作业效率化方面是很必要的，它也是一种正确的思考方式，然而在实际的生产活动中使用这种方法会让人们习惯于停止思考，手工作业中无法应对预定状况以外的事故，这也是一个问题。一方面要限定分工，另一方面能够纵观全局，发现一些非常事态，努力培养足以应对突发事件的判断能力，这是绝对必要的。

二是设想实际的失败并掌握在那个时刻应该如何应对的"训练失败"。消防演习和地震避难演习都应该归为这一类。训练失败意味着不仅要体验到面对失败时平日里冷静的判断力是如何受损的，还应该做好正确应对的准备。在火车的案例中，职员一方面应该接受训练和教育，了解与自己息息相关的铁路工作是如何运转的，另一方面也要进行必要的心理训练，确保能够在不幸的事故发生时做出正确的应对。

即使已经确定了手工作业中对设想的非常事态的应对方法，当真正出现失败时，人们还是有可能陷入恐慌状态，大脑一片空白，无法按照设想的方案行动。结果，明明已经决定好各类事情，在非常时刻却一件也做不到，这种情况常常发生。

即使在这种时候，如果具备已经渗入身体的知识和经验，我们也能够自然地做出应对。设想失败情景并进行模拟体验，作为应对非常时期的对策十分有效。

如果训练失败与体感、实感相结合，那么其效果就更加值得期待了。例如，在地震体验车上切身体验过大地震时的状态，了解地震的恐怖，就会加强应对地震的心理准备，能够在紧要关头避开恐慌状态，这种方法十分有效。

一个汽车商可以根据购车客户的希望提供收费服务，让他们体验雨天在高速公路上行驶时危险性极高的漂滑这一打滑现象。

这一服务让人们真切感受了在有积水的路面行驶时难以控制汽车这一局限性。人们一旦体验过这种恐怖，雨天时就绝不会逞强高速行驶了，这种结合了体感和真实感觉的训练失败，起到了防止事故发生的作用。

现在日本的驾驶证是每3年或5年更新一次，在更新时的交通教育的环节中或许也可以采用这种训练失败的设想。这样一来，虽然花在驾驶证更新业务上的成本不可避免地升高了，但在减少交通事故方面却十分必要，并且这样能够减轻社会负担，这绝不是一件无意义的事情。

并且，扎实地坚持这种训练失败是很有意义的。代表案例就是三陆地方进行的大型海啸训练。

前文中曾提到过，三陆海岸拥有容易引发海啸的里亚斯式海岸，此处曾多次遭受大型海啸的侵袭。有的时候海啸在人们都已熟睡的深夜中突然来袭，几万居民和财物被海浪冲走，成了汪洋里的碎藻。

三陆海岸周边的所有区域每年都会举行数次"训练大海啸"，针对设想中的大型海啸进行训练，这是由过去的恐怖事实所催生的行动。这种训练有时也会在深夜举行。

可以看出，通过这种训练，三陆海岸的居民们培养了很强的危机管理意识。近期，为应对海啸，海岸线上建起了高达十米的防波堤，其对面设置了渔港。人们平时通过建在防波堤内部的隧道进出渔港，然而当海啸警报发出时，

应对海啸的防波堤

根据规定,当地消防队员的首要任务就是关闭隧道的入口。在训练阶段,他们就贯彻了优先处理生命线的方针。

除此之外的人全部直奔后山的高台上避难,这是一条铁则,乍看之下可能显得十分自私,但这是从过去人们因寻找家人、照看病人而导致多人死亡的事故中得出的教训。

另外,这片地域有一条独特的规矩,就是在海啸来袭时,绝不能陷入恐慌,这是将受灾的范围控制在最小的对策。

其实,为了彻底应对海啸,最有效的策略是不在海啸预测会到达的地方建造房屋或长期居住。然而,大海中的食材十分丰富,为了保障富足的生活,人们很难离开这片地方，因此选择了继续住在危险地区并对海啸采取万全对策的做法。

过去的失败总会被遗忘。人们有意识地通过口口相传将这些对灾难的记忆传承下去，而当它们被遗忘的时候，就有可能被突如其来的海啸再度袭击。事实上，三陆地方中拥有这种苦难经历的地域还有很多，他们尽可能地坚持踏实地进行海啸训练，将过去的痛苦体验当作教训传承下去，这样一来，被忘却的失败就不会再重演了吧。

失败一定会再次发生，踏实地训练失败对于传承这一事实也有重要作用。

惩罚性赔偿制度与司法谈判——法律与失败

当失败产生的结果给周围带来巨大影响的时候，在实际中我们会追究问题的责任人。这个时候，对失败者责任大小的评价应该与失败的实质相符，但前提是，评价者要具备看透"好的失败"和"坏的失败"的能力。

因为遭遇未知而遇到的"好的失败",无论我们怎样小心注意都无法避免。如果对这种案例的责任人也严加责罚,那么人们就会愈发厌弃失败,有时可能会隐藏、隐瞒失败。结果造成社会发展停滞不前。这样一来就无法构建起"失败学"所主张的活用失败的积极文化。

不过,一味地容忍原本不应发生的坏的失败也实在让人苦恼。如果不问责那些由于思想散漫或不小心等原因造成的毫无意义的失败,那么就有可能引发实际危害,不断造成大型失败。

对于这种坏的失败,我们务必严厉惩罚,采取坚决与之对立的态度。这种酌情问责的机制就是所谓的法律,齐备的法律反映了社会面对失败的立场。

关于失败在法律上的应用,日本有很多地方应该向美国学习。美国能够直面失败、认清失败,其独特的法律体系中引入了司法谈判制度,以免责为条件,力求找出失败的真正元凶。

只要将信息共享,就能预防今后的失败,将社会损失降低到最小限度,这是本书中反复强调的失败的有效活用方法。以此为前提,保证共享的失败信息的正确性是与失败友好相处,并探明真正的失败原因的最重要一环。

然而,像日本这样,在责任追究和原因调查的体系中,失败当事人为了避免刑事责任,在报告时会故意扭曲事实原因。其实,在探究组织中失败的原因,如企业恶性等事件时,真正的失败原因往往隐藏在当事人职责、管理职责等复杂的阶层中,从外部来看根本难辨其踪。

为防止这种现象,只有将责任追究和原因调查分离开来。一种有效的策略就是美国在使用的司法谈判制度。所谓司法谈判制度,就是给予陷入犯罪、失败的旋涡中的当事人免责的保证,作为代价,要求他们说出事情真相的这种体系。这一制度让失败当事人逃脱了责任追究,他们不再担心自己的发言中存在风险,可以自由地讲述失败。

结果是,隐藏在阶级中的失败原因,身处事外的第三者也能清楚地查明。这一体系对于探明真相十分有效。

作为制度而设定的社会规则一般以公平公正为原则。从这一点来看,司法谈判制度明显违反了这一原则。虽说如此,但查明了失败的真相,可以在事前就避免更大的失败和灾难。虽然任何场合都利用免责来查明真相是不明智的，然而在某些时候，饶恕小错就能够避免大错，持有这种合理的想法，难道不是全社会面对失败所必要的吗？

思考怎样与失败友好相处时，日本还参考了美国的一项法律制度。即对于故意酿成的失败，以及未必是故意，但明知后果却没有采取对策造成的失败坚决给予重罚。

这一制度被称为制裁性或惩罚性赔偿制度，美国严厉制裁那些引发恶性失败事件的企业，处以保险都无法完全涵盖的高额罚金。这种制裁也给其他企业敲响了警钟。

例如，许多烟草制造商卷入了与健康危害相关的集体诉讼，收到总额超过15兆日元的罚单，这其中就包含了对明知危险却放任不管的态度的惩罚。

宝丽来公司与柯达公司针对拍立得的知识产权产生的相关纠纷也是这样。1976年，由于侵犯专利权，柯达公司被要求赔偿总计超过1000亿日元的赔偿金。这一金额严重撼动了该公司的财政基础，这也是从严处罚意识的体现。

反过来说，日本的情况又如何呢？对于知识产权的侵犯，赔偿额度仅限于实际产生的损失金额，而侵犯专利的情况更是无处不在。

另外，1995年大和银行纽约分行被发现隐瞒巨额损失，美国将整个企业的隐瞒工作视为重大问题，并决定将企业逐出本国市场，与此同时，日本却没有严格追究该公司的责任。

明知风险却有意让失败发生，故意隐瞒失败，对这些行为不进行严格的惩罚，这就是目前日本存在的问题。

因此司法制度也与社会的问题点有着紧密联系。

第七章

消灭致命失败

JCO临界事故、营团地铁日比谷线脱轨事故、JR西日本隧道脱落事故、雪印乳业集体食物中毒事件等，企业接连发生问题与事故。想必很多人都是怀着黯淡的心情在看这些事故、事件的报道吧。

本章将探究导致这些近乎致命的失败的原因，以及如何才能消灭此类失败。

技术成熟与利益追求

　　日本企业最近频频发生致命的失败，其中有许多共同点。首当其冲的就是技术成熟的问题。

　　如今的生产现场，有着确定的生产体系，使用着成熟的生产技术，作业流程完全依照操作指南，提示给操作人员固定的顺序或操作步骤，这已经成了一种常识。为提高生产效率，所有企业都理所应当地采取了这种方法，方法本身是必要且合适的。但问题也随之而来，由于禁止员工进行操作指南规定以外的无意义行为，起到了反作用，负责人无法觉察到异常，容易陷入停止思考的状态。

　　平日发生的大多数问题和事故，一定伴随着让人能够觉察到异常的信号，然而负责人没能发现这些信号，这种情况肯定会在事后被汇报。禁止无意义动作的操作指南甚至从心理上、物理上制约了必要的行为，企业有必要重新审视这种管理方法。

　　还有一类问题和思考停止大致相同。那就是由于操作指南的教育不完备带来的判断失误问题。

操作指南规定了作业的顺序和步骤，详细说明了无论发生怎样的事，也必须按照规定的去完成，这种对管理者而言的理想方案。但实际上，只是做到这一点，作为员工的教育并不充分，由于没有被告之一旦脱离操作指南步骤会发生的问题，只是草率地实行这种培训方式，很有可能诱发大型失败。

JCO临界事故等案例就属于后者。如果操作人员在事前就知道脱离原先设定好的手动化流程会发生怎样的危险事故，他们就不会那样草率地处理核燃料了。这样一来，也就不会发生临界事故。

我们有必要指出，JCO案例正处于市场成熟、企业追求成本缩减的背景之下。其他企业相继发生的事故和问题也有这个共同之处，这是一个诱发失败的构造方面的问题。

如今的时代被称为商品滞销的时代，在饱和的市场中确保利益是一件很困难的事情。如今，多数企业在大幅削减生产成本，其中排在首位的是削减人数，使员工全负荷运转，或以合理化的名义向其他公司分离业务。

JCO所处的正是这种环境。电力行业整体迎来了成熟期，甚至对于核能产业也有严格的削减成本的要求，减少操作人员，进行合理的人员整合，追求利润率的上升，这就是在发生临界事故前夕该公司所处的社会环境。假如没有成熟期所带来的削减成本需求，那起事故可能就不会发生了。

我认为，针对这起临界事故，母公司住友金属矿山应负最大责任。追溯事故的真正原因，责任应该在于强制要求削减成本的母公司。很多时候，这个部分模糊不清，将失败的责任推诿给当事人，没有认真分析失败原因，这样一来就无法防止失败的再度发生。

顺便一提，核电事业的安全性一直令人担忧，虽然认真且恰当地处理了核电站这一核心部分中产生的问题，但敷衍应对燃料制造、再处理等部分的失败，从而导致受灾范围的扩大。

核电是一种只要出现一点错误就会诱发大型事故的危险作业，相关工作人员应该熟知工作本身的危险性和对核电所感到的不安，只有认真处理失败才不会引发大事故。社会对于核电容忍，是因为期待它成为一种确保能源供给的手段，但也会要求其失败不会造成致命事故，相关企业应一丝不苟地应对此事。

另外,虽然燃料制造、再处理等核电相关行业的危险性与核电的相等同,但社会对于这类行业感到的不安和关注却相对较低,对于失败的处理就很容易掉以轻心。即使平日里提倡相关人士要时刻注意,然而核心行业和周边行业所处的环境的差别也让员工的危险意识产生了差距。

反过来,任何事物都不能仅仅注重核心部分,对人们容易马虎大意的周边部分也要以体感、实感的方式让相关人员具备危险意识,这是规避致命失败的一个要点。

从雪印事件和2000年6月群马县的化学药品工厂发生的大爆炸事故(想必已经有很多人忘记这个事故了)也能看到追求利益所带来的弊端。然而,这起事故与JCO的案例还有些许不同。

事实上,拥有良好销路的商品和能够进行大量生产的场所的企业也集中发生事故和问题,这绝不是单纯的偶然。

雪印乳业引起集体食物中毒的事件,有着与以上事件完全相同的背景。从乳制品行业的整体来看,牛奶消费处于一个低迷的状态,而雪印的低脂乳品大获成功,成为人气商品。发生事件的最初,人们设想过那些引起食物中

日进化工厂的工厂爆炸（由共同通信社提供）

毒的毒素是不是来自生产线上，当真相大白后才知道，原来员工没有认真对待每周都必须进行的生产设备清洗等维修检查工作，从中可以看出大阪工厂的生产线是全负荷运转的。

2000年6月，化学制造行业的日进化工发生的大型爆炸事故也可以从同样的视角来看待。前述的群马工厂在制造一批羟胺药品，用于清洗半导体设备，日本国内所使用的这种材料百分之百来自该公司。随着举国瞩目的对于IT

行业投资的扩大，半导体的生产也不断增加，对清洗液的需求也不断增加。事实上，从 1998 年起该公司的年生产量一口气扩大了 3 倍，在这样的背景下发生了大型爆炸事故。

在系统设备全负荷运转而导致的失败中，最先能够想到的就是维修检查工作的不彻底。人们在所有生产现场都制定了安全检查规章，这是一项必须完成的义务，管理者很容易陷入一个陷阱，就是不论工人在实际中实施与否，只要设定了规矩，就能感到安心。

如果生产体制较为宽松还好，但如果工厂设定了严格的生产目标，那么生产现场的工人就不一定会遵守操作指南的顺序了。由于生产目标被转嫁到了自己身上，即使相关人员不故意偷工减料也只能对维修检查敷衍了事，事实上，这种情况屡见不鲜。

这时，我们不难想象，在管理者不想看见也无法看见的阴暗地方，失败的种子正在成倍地急速成长。也就是说，这一类失败原本是很容易能够预测到的。

所有组织都陷入的弊病

一切的技术都要经历萌芽期、发展期、成熟期和衰退期。随着时代的发展,我们发现一个法则,即某项技术从进入发展期到走向衰退期,大约经历 30 年。

事实上,30 年这个数字和人一生的周期有密切联系。新职员在进入企业时大概是二十二三岁,30 年后,在他们五十二三岁的时候,基本会退出企业主要业务的第一线。随着这些人退出生产现场,组织中将面临一个现实,那就是最熟悉技术的人员在历经 30 年后,离开了生产一线。

从这个视角重新看待问题,我们就会认为那些技术成熟的企业中接连发生的事故和问题理所当然。也就是说,所有企业都具有这样的事故多发的背景,因为随着时代的推移,真正理解整个操作体系的老练专家退出了工作一线。

技术在萌芽期时,其脉络好不容易连成线,具备了雏形。如果能够使用的选择项有限,效率低下,技术本身也很不完善。

当技术开始飞跃进步时,也就迎来了发展期。可以一次次尝试新的想法,将一切心血凝聚于此,在不断的失败中磨练技术。在这一阶段，人们认真推敲每一条从所需功能到全体结构的路径，通过不断的试行错误，确定最终的主线并加以巩固。同时，技术相关的工作效率提升，提升完成度。

随着技术成熟而迎来的脉络变化（进入成熟期后，选项被舍弃，只留下一条主线，衰退期时主线变弱，走向破灭。）

接下来技术会迎来成熟期，在这一阶段，主线以外的选项全部被舍弃。技术经过重复的试行错误得以完善，没有必要再进行打磨了。另外，随着技术本身在社会中广泛渗透，为了让自己的产品获取一席之地，成为幸存者，企业会与同行业的其他公司展开激烈竞争，管理者力求提升利益和效率，许多企业会采取舍弃主线以外的旁枝错节的管理方式。

此时，企业倾向于采取"单线化"作业。实行所谓的操作指南，就是只追求一条主线，对存在于主线周边的方法，一概不采用、不尝试、不考虑，这是一种毫无通融余地的管理方法。该方法对于提高作业效率十分有效，但事实上，减少了选择空间会使作业者无法深刻理解相应技术，潜在能力大大下降。

归根结底，在成熟期，人们只保留坚固的技术主线，这种看似合理的做法事实上降低了主线的确定性。如果在这个阶段发生预期以外的状况，那些在成熟期负责操作的、仅拥有贫乏知识的假专家无法应对也是理所当然的。最糟糕的情况是他们会在失败的种子面前陷入停止思考的状态，继而引发大型失败，不可避免地给组织带来致命损失。

事实上，这种情况是每个企业都会面对的问题。因此在现实中，拥有这种组织模式的企业会不断面临毫无意义的失败。

怎样才能防止此类失败呢？

某大型企业采取了特约顾问制度等形式多样的雇佣制度，任命那些按通常规定应该退休的真正熟练工人去指导后辈。这一独特的策略试图把从技术的萌芽期就开始培养的知识传授给那些只经历过成熟期的人们。

最近那些发生在技术的成熟期、十分明显的失败，任何人都能轻易预测得到。然而，防止此类失败却没有既成的概念可循，必须采用这种失败的种子的设想。此时，认真地直面失败，活用其积极面这种思想十分必要。

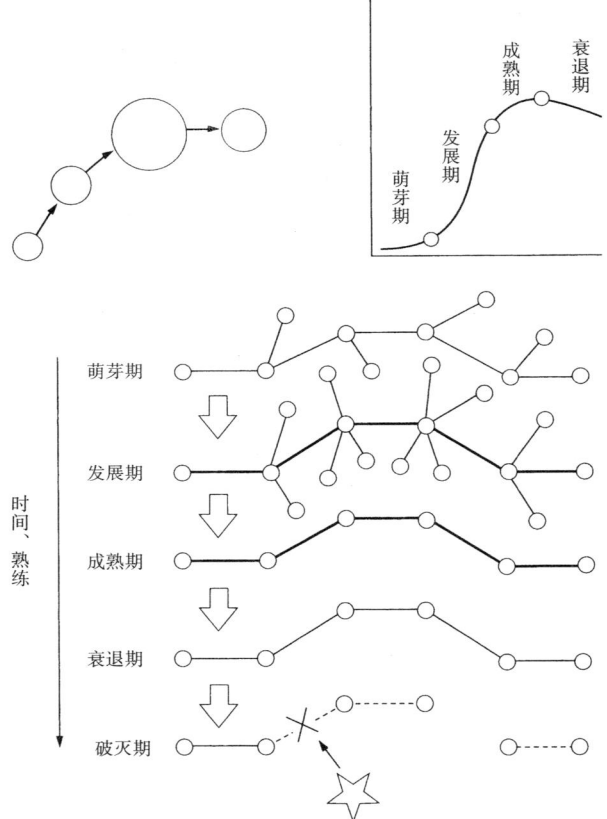

随着技术成熟而迎来的脉络变化（进入成熟期后，选项被舍弃，只留下一条主线，衰退期时主线变弱，走向破灭。）

"真没想到会发生这种事"中的谎言

以山阳新干线隧道内混凝土剥落事件为开端,一时间,人们将目光聚焦在了混凝土强度问题上。

混凝土是水泥和沙、骨料等砂砾与水混合制成的。优质的材料按照绝妙的比例混合调制,拥有很高的强度,可用以支撑隧道、大坝、楼房、公寓等大型建筑物。

最初,人们认为山阳新干线隧道剥落事故的原因是混凝土材料中使用了海砂。海砂中含有的盐分削减了强度(后来事故调查结果证明,原料中不含海砂,隧道内混凝土剥落的原因是混凝土浇筑不当,造成了不连续面,也就是形成了冷接缝)。

事实上,由于混凝土强度问题导致的事故,在其他地区还曾出现在公寓等高层住宅建筑物上。外墙和阳台使用了混入海砂的混凝土,随着时间的推移因老化发生脱落事故。好不容易买下的公寓,外墙和阳台经过了十几年后居然变成了这种状态,真是让户主欲哭无泪。

最近,这类让消费者恼火的缺陷公寓事态愈发严重,问题主要与混凝土相关。建筑行业中的兑水混凝土可谓极具代表性的偷工减料手段。

制造混凝土需要配置材料以达到高强度，而兑水混凝土就是故意在其中加入大量不必要的水分。这种偷工减料可以提高混凝土的流动性，便于使用，提升作业效率，因此在建筑现场，作业者偶尔会避开监督人员偷偷在混凝土中加水。

不用说，用这种混凝土来建造建筑外墙，依程度不同，数年后肯定会发生混凝土墙面剥落事故。买到这样的缺陷公寓，实在是无法忍受。

这时，恐怕售卖该缺陷公寓的开发商会说"真没想到会发生这种事"，为自己辩解。然而这不是正确答案，不是"没想到"，而是"知道这个可能性，但从没考虑过"。

事实上，因兑水混凝土所导致的剥落事故，是建筑行业中日常偷工减料所导致的问题。开发商对日常反复发生的小失败没有采取措施，最终导致无法管理，他们的责任重大，原本没有申辩的余地。

前面提到的企业中常见的问题与事故也在很大程度上与其情况相同。失败发生时，他们肯定会发牢骚说："真没想到会发生这种事……"但很多时候，我们不能按照字面意思来理解这句话。

不进行设备投资，却将生产量增加了三成、五成的背景下，如果附有生产成本缩减，技术成熟等条件，管理者理应考虑到失败可能性的增加。忽略了理应预测到的失败，结果招致大事故、大灾难，这种人应该"视同明知故犯"，严厉追究其责任。

进一步说，这类案例中，监督管理企业活动的行政部门也有很大责任。没有投资新设备，却增加了生产量，这难道不是助长了失败的根基吗？严格监察是监督者理应尽到的责任。如果怠慢了这个职责，对危险的情况置之不理，那就是在阴暗处滋养并诱发了大型失败，在某些时候，他们应该与失败者承担同等责任。

例如，在化工制造商日进化工的爆炸事故中，事后才查明，起初行政上没有将拥有极高爆炸力的羟胺指定为危险物品。这一案例中，追究招致事故的行政方的责任也不足为怪。

医疗事故感染艾滋病、山阳新干线隧道内混凝土剥落等事故也是如此，一味地追求利益，经常不做调查就发布安全宣言。结果，安全宣言发布后也继续发生事故，这都是由于行政怠慢造成的失败扩大。

这里我们再次简单地总结单纯的招致失败的原因。

1. 技术走向成熟。
2. 规划大增产、成本缩减或企业重组。

大致就是这两点。反过来说，如果看到这样的行业、企业，会发现失败是可以预测的。现在的日本，符合这两条的行业和组织不是很多吗？

局部最优与整体最差

前文已经提到过，一切技术都会经历萌芽期、发展期、成熟期、衰退期，最终走向灭亡。

在这个法则中，将"技术"换成"组织"也完全可行。也就是说，企业也会经历萌芽期、发展期、成熟期，然后一步步走向衰退。

为了战胜这个严苛的宿命，企业必须引进新的技术和组织形态，与旧事物相置换。如果在衰退阶段没有孕育新的萌芽、构建接下来的文化，那么这个组织是没有未来的。

实际的组织结构中，在从萌芽期走向成熟期的阶段，也蕴含着许多可能诱发失败的危险因素，为了有效地管理、维护组织，普通的努力是不够的。此处会出现"局部最优、整体最差"等问题，这是处于成熟期的组织所必须注意的失败形式之一。

假设有一个生产制品的系统。在萌芽期，组织规模本身较小，此时进入企业的人能够近距离地了解系统开发，把握最重要的整体结构要素。这样一来，当组织进入发展期和成熟期，规模扩大，此人也能从整体的视角来看待该生产系统。

然而，在发展期阶段进入企业的人，没有负责过系统整体的工作，只能汲取部分知识，没有培养起纵览系统全局的能力。当技术的发展伴随着必要的生产规模扩大、当商品热销而计划大幅增产时，或当商品滞销而决定系统重组时，一旦外界条件变化，要求系统进行改良时，这些员工由于只能看到系统的局部，有可能实施虽然适用于局部但对整体有致命损害的改良方案。

这就是所谓的"局部最优、整体最差",这种情况经常成为诱发失败、使组织蒙受巨大损失的直接原因。

"局部最优、整体最差"的案例中,前面提到的JCO的案例是最易于理解的。最初他们所使用的是机械自动加工铀元素燃料的系统,绝不会发生临界事故,也考虑到了作业者的安全性问题。然而,随着核发电行业相关条件的变化,这一系统无法迎合人们追求成本缩减、提升作业效率的要求,在改良旧系统时,委任了对系统整体没有深刻了解的所谓的"专业人士",提出使用铁桶进行手工作业的设想,这就是事情的真相。

这个手工作业的新方法,至少在提升效率方面是有效的,也就是所谓的局部最优的想法。然而,从系统整体来看,却隐藏着"可能会因单纯的疏漏引发临界事故"这一危险性,无异于整体最差,这就是事故发生的背景。

对于JCO事件,有评论猜测,该公司是否从开始使用铁桶进行手工作业时就出现了问题,社会上容易对其产生"无法信任"的指责。出现问题就降低评价,这是任何人都会落入的一个典型的陷阱,但如果我们不认可原先使用铁桶进行手工作业对于当事人来说是局部最优方案,那么也就不能找到真正的失败原因。

为了更好地洞悉事物的本质,分析事物的第三者应以冷静的视角考虑当事人的看法、想法。

"绝不能随意更改、变动现有事物"

"局部最优,整体最差"有时会带来巨大的损失,为防止问题发生,最好的对策就是对作业者进行全面教育,帮助其理解系统的整体性。然而,当由于不可抗力造成的失败对周遭带来巨大影响时,人们会产生"绝不能随意更改、变动现有的东西"的想法,产生"封印技术"的效果。

封印技术,就是像字面意思所说的,不允许任何人触及该技术,将其封印起来。在核电现场中很容易发生因工作人员不了解系统整体而造成情况恶化的事故,现在这些地方也采用了这种封印技术手段。他们照常随时更换达到使用寿命的零件和泵、阀门等零件，改良控制系统，却不改变整体设施的基本设计和系统，如字面意思，将其"封印"起来。

封印技术，就是在引进时毫无限制，引进后任何人都不能再触碰。但实际上，技术的寿命并不是无限的，在实际应用中，我们有必要考虑到时限的问题。

比如，我们认为一项技术的寿命大约是30年，在进行封印技术时，到30年后在别处开发的新技术完全取代现存技术为止，企业会彻底地应用旧技术。或者，按5年、10年左右的循环来替换新系统，以应对时代的变迁。

前些日子，我有机会与实际采用了封印技术的核燃料再处理工厂的技术人员交流。核燃料再处理工厂的系统对于放射性强、不能直接用手接触的槽罐类和用来固化废液的玻璃固化体等不可触摸物采用了封印技术的策略。与此同时，考虑到技术的传承，他们每年会录用很多二十几岁的年轻职员，任命他们为负责人。企业希望这些二十多岁的年轻职员在30年后还能活跃在工作岗位上。

从大方面来说，这些年轻职员有两个使命。一个是在今后的日子里维持封印，另一个是开发新的封印技术，直

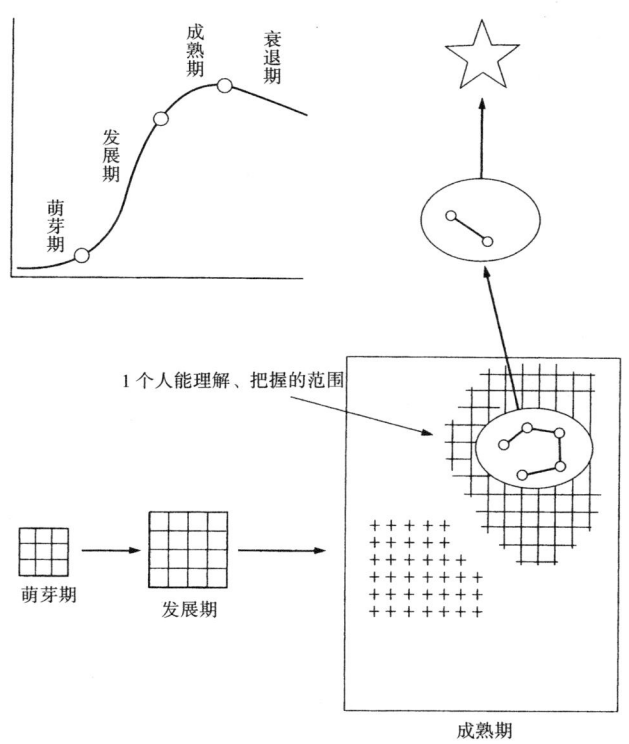

随着组织、技术规模的扩大所带来的事故的必然性（封印技术）

第七章 消灭致命失败 / 199

到旧封印被解除为止。

在设定的 30 年的封印期内,新技术的开发也在同步进行。现在的封印技术虽然能满足需求,但组织和技术都会逐渐衰退。30 年后,新的系统开始活跃时,也就是新的萌芽期诞生的时候。更替后的新系统是最新技术的集大成者,再次将其封印,可以避免因未进行充分讨论而中途变更所诱发的大失败、大事故的潜在风险。

日本如今有一股风潮,就是以欧美的技术为蓝本,在此基础上改良和发展,并稍做调整,进行提升。然而如果将改良技术用在了原本不应随意修改的部分,最终就会发生 JCO 临界事故那样的失败(这个事故与其说是改良技术,不如说是无视设计或违反规则),为防止这种情况发生,有时我们有必要考虑封印技术这样的策略。

TQC 的陷阱

大多数时候,灾难和事故都是以个人的失败行为为开端的。最近频发的这些事故就是如此，直接原因都是失败者本人的无知、不小心、不遵守顺序、判断失误、探讨不足等。

调查失败原因后，组织的领导者了解了事实，往往会采取管理强化的对策，却没想到自己落入了已经设好的陷阱。强化管理有一个缺点，它针对日常重复性工作的确有效，但对于设想之外的非常情况却无能为力。使用这种方法虽然能够消灭失败，但反过来却可能使失败的种子继续成长。

前面已经提到过，日本企业很喜欢实行QC（质量控制）活动，较之更进一步衍生而来的TQC也是一样。这是为彻底施行品质化管理而采取的一种方案，在国外也好，日本的经营者也好，许多人相信使日本制造业如此强势的原因就蕴含在QC活动中，事实上，这的确是一个方面。但是，随着进一步实施，它逐渐成为一把双刃剑，站在管理者立场的人务必要清楚这一点。

像QC活动这类将管理加强到最大化的策略有一个优势，就是彻底禁止依照操作指南工作的作业者的作业选项，实现最大效率，保持良好品质。如果完全按照这种效率最大化的方案推导出的作业流程来操作，那么作业者就毫无犯错的余地。专注于规定好的专项作业上，无疑会发挥出最大的能力。

然而，与此同时 TQC 中也包含着形式化的问题。TQC 就是遵循日常的作业流程，因此作业者常常会产生"只要这样做就行""只要整理好形式就可以"这样的敷衍意识，TQC 也就丧失了原本的意义。

这样一来，当真正发生异常情况时，作业者的反应也会相对迟钝。同时，由于他们日常习惯了"不思考"，当发现不可能发生异常的 TQC 居然出现了问题，负责人员容易陷入停止思考的状态，这种情况前面已经提到过。

形式化的问题，我自己也有所体会。前文曾提到，每年，刚刚进入我们实验室的学生都要在指导员的带领下进行安全教育。虽说是在大学，但工学部的实验中有很多机会接触危险品，因此对学生的安全管理不可或缺。

然而，就连遭遇了多次失败，深切感受到安全教育的必要性的我，也对这一重复工作感到了厌烦。

第一章中介绍的过去的三大事故，对学生而言是第一次听说的新鲜事，但讲述故事的我却每年都在重复同样的话。如果敷衍地进行讲述，也会把这种敷衍的心情传递给学生，因此我每次都会将心比心地考虑问题。但是，每次都要讲同样的故事，实在是一份需要耐心的工作。

企业的管理负责人应该在很大程度上有同感。随着彻底实施操作指南，需要传达的内容不断增多，这种情绪也愈发严重。

况且，如果所传达的内容实质是没有体感、实感的枯燥乏味的知识，无论是教授方还是学习方，除了无谓的痛苦，什么都领会不到。带着动机含糊不明地要求"决定必须这么做"，诸如此类单调的循环，这样的管理方式只不过是形式主义。

即使不发生上述情况，强化管理的方法也有可能落入逐渐偏离本来目的的陷阱。人们在现场强调的往往不是为实施管理强化所需的真正内容，而是单纯的形式。

在书面化、数字化的文件中，脱离实情，将个人随意选取的数字报告给管理者，导致上级只能从该数字中判断面临的问题，这类情况经常发生。事实上，数字和实际情况相分离时，大多数情况下，在强化管理、构建高效体制这些场面话的背后，组织已经丧失了最根本的活力，失去了竞争力。

从外部审视那些采用TQC等活动来强化管理的组织，我们会发现其多数职员都将心思花在了编纂文件上，丝毫没有挑战新鲜事物的欲望。这些人中，有的人会在私下为自己的状态感到可悲，忧心企业的未来，这一点管理者应该有所了解。

然而，身居要职的管理者对这一事实置之不理，仍然采取相同的强化管理措施，炫耀成果，这实在是可笑的行为。这就好像一个站在即将塌陷沙丘上的楼阁的君主，对危险一无所知，却不停炫耀自己的战功。

原本，QC、TQC的目标不是形式主义，而是实现真正意义上的品质管理。然而采用这种管理方式却导致了失败的发生。如果企业不能将平时和非常时期的应对措施明确区分开来，允许在非常时期采取非常规行动，那么就很难应对预期以外的失败所带来的致命损失。

并且，对于销售、经营、策划、人事等需要接触组织外部人员，随机应变地交流，也就是处理人的情绪的工作，QC 和 TQC 这类操作指南的管理策略效果有限。这类工作中，为规避致命失败，重要的是游刃有余地应对不同的对象与情景。

ISO 也很危险

与 QC 和 TQC 相同，最近企业也很积极地在采用 ISO（国际标准化组织）认证制度。ISO 最初的主要活动是规定各项工业技术的世界标准，近十年间开始涉足环境、劳动安全等基准顺序，以求企业采用并实行这些制度。世界范围内的商业交易中，没有获得 ISO 认证就会被排挤在外，因此日本几乎所有企业都竞相采用这一标准。

但是，在实际的生产现场中，认为只要将所使用的 ISO 的应用整合成 QC 与 TQC 一样的形式就足够了，这样的风气在秘密地扩散开来。虽说想要理解其主旨，但每天都进行形式化的记录实在是过于麻烦，因此不确认真实情况就进行形式化的记录，这样的案例有很多。

这种偏离实际的情况，从"失败学"的观点出发是最严重的失败的种子。制定了基准却只整合形式，可谓"为山九仞，功亏一篑"。这种行为绝对不可取，企业与组织有必要让参与工作的全员都理解并实行这一点。

当心无能上司

正如TQC问题所反映的那样，在现实中，读者所在的组织中可能也存在着许多诱发失败、削弱创造能力的机制。

所谓"吹牛大王只有千分之三是真话"，在面临新的挑战时，一千项任务中或许只能勉强顺利推进三项。汇集了优秀人才，拥有知识和经验的企业也是这样。无论怎样提高成功率，现实中，一百项当中也顶多只有两三个成功案例。这个数字不能说不好，创造行为本来就伴随着失败，我们应该知道，顺利才是罕见的情况。

然而，日本人厌弃失败，把它当作一件坏事，因此各处的组织都会把日常反复发生的失败隐藏起来，以成功的姿态善后。尤其是平常就暴露在严厉的评判目光中的政府机关，在他们出具的报告中，这种倾向尤为明显。

日本是一个对于失败不宽容的国家，人们害怕被追究责任，因此采取这种善后方式也是迫不得已。虽然这么说，如果我们察觉不到那些自以为成功的事物中包含着与实情相偏离的部分，将虚伪的报告当成事实接受，其实就是亲手种下了新的失败种子。

另外，如果你有上司，为了不让身边出现致命的失败，你必须看透上司的力量。判断此人是不是所谓的无能上司，面对问题，在紧要关头有必要直接向其他管理者汇报。

无能上司的典型表现就是会轻率地说出"这样做是不可能顺利进行的""这个我以前也做过，但没用，还是放弃为好"等失败言论，削弱部下的工作干劲。实际上，如果没有按照设想彻底地尝试过所有情况，只是适当地基于大致了解的程度来谈自己的经历是可以的，但这种失败经历的言论大多不值得相信。

所有的假老手都会以无能上司轻率的失败言论为背景，

认为改变已经用惯了的方法十分麻烦，有任性的情绪。尤其在老龄化情况显著的组织中经常能够看到这种情况：认真提出改革方案的人可能会将时间浪费在说服无能上司上，身心俱疲，这实在是一种令人困扰的现状。

这些组织让无能上司手握权力，公然不作为，对小失败置之不理，用不了多久，发生致命大失败的可能性就会急剧增加。

站在部下这个下位的立场上，即使看到了问题，只依靠个人的努力也很难改善状况。但是，为了不让身边出现致命的失败，必须有耐心，继续提出改革方案，同时用心监视那些无能上司视而不见的小失败。

无用的会议冗余

概括来讲，在辨别各种企业时，会议比较多的企业拥有诱发失败的因素。日本的组织机构在海外收到了"缺乏决断力"的评价。频繁地召开会议就是一大象征。

会议的目的原本可以分为两大类，一是通过讨论得出结论，二是相互沟通联络已经决定的事项。然而，参会人员在这方面的意识很淡薄，他们觉得会议内容与自己无关，总是不用心聆听、打瞌睡、不按时到场、逃避点名。日常能够观察到的参会人员的上述行为如实地反映出无意义、没作用的会议过多这一现状。

事实上，在会议现场通过讨论做出重要决定，这样的情况在现实中几乎不会发生。倒不如说企业制造一个通过审议做出决定的既成事实，并以此为挡箭牌，封住反对者的口，以防失败时被追究责任。

一个企业如果频繁召开以逃避责任为目的的会议，其员工的个人责任意识就会变得淡薄，即便看到了小失败，也不想尽早采取对策。这样一来，企业就有可能成为一个无能的组织，被置之不理的失败过不了多久就会发展为致命的失败，我们不难想象，这样的组织将遭受巨大的损失。

无能组织的问题多数是由领导者的姿态引起的，作为组织的一个重要成员，回避致命的失败往往伴随着巨大的困难。员工应一边在力所能及的范围内监视那些会引发致命失败的小失败，一边等待真正的老练专家式的领导上台，或一边等待自己成为领导者大兴改革之日,一边在无聊的会议中休息,耐心等待,姑且把这也当成一场战斗吧。

领导者造成的失败有三倍之差

在考虑失败时,领导者的资质仍然是一个大问题。

据劳动安全事故的专家称,企业领导人是否有意识地实施安全管理会让公司的事故发生概率产生三倍的差别。这个从经验中推导出的数字意味着安全管理系统的实质,也意味着会因活用这些数字的领导者的心理准备而大幅改变结果。

组织因为同类问题面临失败时,这一法则也完全适用。拥有领导力的管理者如何看待失败是十分重要的,拥有较强的防范失败的意识,能够消除 2/3 的失败,不仅如此,这样的领导者也可以将已经发生的失败转化为进步的种子。

话说回来,眼下领导者的现状如何呢?日本企业在高度经济成长期和随后的泡沫经济时期得到了很大发展,其中的大多数企业如今正处于技术成熟期。了解萌芽期的艰辛的员工越来越少，在发展期和成熟期才进入企业，只见识过完善的方法和成熟的组织的人成为企业的核心成员。在当今时代，这样的人在各处的组织机构都成了领导者。

并且，如前面提到过的那样，我们可以发现诱发失败的结构上的缺陷。只有那些从萌芽期的开始就进入企业，并了解系统的整体构造的人，才能以此为基础，掌握组织的整体系统，即便系统在中途发生部分改良，他们也能知道会发生怎样的情况，可以处理各种各样的问题。而那些后来进入企业的人由于没有受过有关整体构造的教育，只具备自己所负责的部分的知识，也无法看清组织整体的动向。

假如这个领导者在了解自己能力的前提下开展工作，那么引发的问题也会减少。他明白，如果过于自信地指挥安排，也无法获得预期的结果。反过来，假如该领导者过于相信组织的成熟性，认为不了解整体机制的自己成为领导也没什么问题，那么现实会立刻给他回击。

任何一个所谓的"老手"自以为什么都懂，贸然安排工作，必定会引发问题。发生集体食物中毒事件的雪印乳业和隐瞒了召回情况的三菱公司就属于这类问题。

这两个公司的社长在恶性事件发生后召开的记者会上，显露出了完全不了解事态进展的态度，惹人笑话的模样让人至今记忆犹新。社长的职责应该是详尽了解生产现场和销售现场，能够看透问题的本质，然而他们在记者见面会上的态度显示出，在此之前他们并不关注生产现场的安全管理。

失败是肯定会发生的，绝无可能避免。然而，如果对整体有深入理解，那么完全可以预测失败会在何处发生。领导者的用心可以抑制 1/3 的失败发生率，因此希望居于领导地位的人都能够看清事态，与失败友好相处。

另外，第五章中解释过的假想演习的优点，在这里的领导者论中也值得一提。

比如有一位优秀的登山领导者和假的领导者，在一个天气很好的日子里，两人同时登上一座预先查看好的山峰，表面来看两人没有任何区别，但实际上两人内心思考的事情完全不同，这一点任谁也能够想象。

优秀的领导者在顺利地攀登山峰的时候，心里想着

"如果下雨,这里会很危险""此处道路很窄,会发生危险""这里有跌落的危险",他在任何时候都在观察并设想危险情况。另一边,假冒的领导者对这些问题毫不留意,一心想着"登上山顶也不是什么了不起的事情,大山也不过如此嘛",自以为什么都懂,发出豪言壮语。

让我们把登山领导者换成公司的社长、中间管理层的部长、科长或者作业现场的监督人员,当然,足球、橄榄球、棒球等队伍的教练也是一样。假想演习能够消除设想出的失败可能性,真正的领导者不论在什么场合都应该坚持采用这种方法。

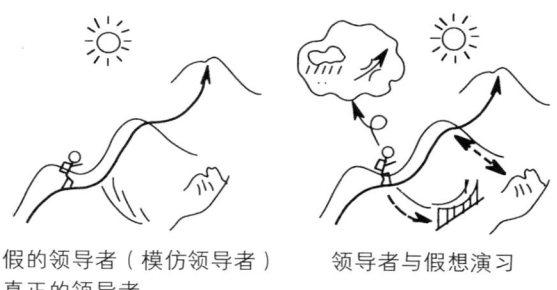

假的领导者(模仿领导者)　　领导者与假想演习
真正的领导者

领导者手握组织的命运，肩负着决不能出现大型失败的责任。不要大模大样地坐在高位，而应该不断进行假想演习那样的试错，与一定会发生的失败友好相处，这才是一个领导者应该具备的品质，通过这个机会，请再次审视并明确这一点。

第八章

建立活用失败的体系

如今的日本弥漫着一种厌弃失败的文化，在这里想要活用失败实在是难上加难，基于这个现实，我们有必要确立一个新的体系。本章中，我们将探讨如何创建活用失败的系统。

收集两万个失败信息也毫无意义

这是我在为一家大型汽车制造商进行关于失败的讲演时发生的事情。我在这个讲演中提到了建立失败信息数据库的重要性。

讲演结束后,一位部长走过来,向我提出了这样的问题:"事实上,我们公司已经将大量的失败案例制成了数据库,然而使用的人寥寥无几。到底应该怎么办才好呢?"

这个公司将过去发生在公司内部的失败案例整理成知识,并将各项事故等失败信息总结成了案例集。到当时为止,通过记述保留下来的失败信息已经达到了两万件。

这些信息不仅通过书面形式总结了出来,还导入了数据库,只要使用公司内部网络就可以导出信息。另外,他们还设置了用于教育的特别场所,展示出现在重大失败信息中的机械或某个部分,提供了一个任何人在任何时候都可以接触到失败信息的环境。

然而,遗憾的是,面对如此周到准备的失败信息,却几乎没有员工将其加以利用。公司的部长感叹道:"已经准备到这种程度了还不好好利用。结果就和完全没有学习一样，失败依然到处发生，这样下去，我也无计可施了。"

我并不认为这个公司采取的是特别拙劣的做法。和其他的公司相比，这家公司是在用正经的方法认真地与失败打交道。

那么到底是哪里出了问题呢？

像这样建立失败信息的数据库时，必须预先构建一个方便检索或导出的系统，然后积累失败信息。数据库的作用就是在"想知道的时间"给"想知道的人"，用"所需的形式"将"想知道的实质"展现出来。

而这家公司只要通过公司的内部网络，公司内部的所有职员都可以检索或导出信息，满足了"想知道的人"和"想知道的时间"两个条件。但是，考虑到该公司内几乎没有人利用这些信息这一情况，应该是发布的失败信息并不满足"想知道的实质"和"所需的形式"的条件。

收集两万条失败信息的确是一件非常辛苦的事情。将其原封不动地总结成事例集并建立数据库这种做法，在信息整理方法上确实存在问题。

必要的失败信息三百足矣

面对仅仅是浏览就让人厌烦的大量数据，即便知道是必要的也会不由自主地想要躲避，这是人类的正常心理。从这个意义上来讲，在活用失败数据的时候，我们不应单纯地罗列信息，必须稍稍加以整理，用"所需的形式"将"想知道的实质"展现出来。

我觉得，在多达两万条失败信息中，将同一类的归纳到一起，集中整合典型的代表案例并进行分组，应该能缩减到三百个左右。将失败信息整理成知识是大前提，并且需要添加进数据库的信息应该是各组的代表案例，合计三百个左右就足够了。三百这个数字也是人类所能吸收的知识的极限。

压缩失败信息的方法如 220 页图所示，按照失败原因的种类或层次来分类是个不错的方法。然后添加技术因素之外的原因，再添加作为产生强烈影响的经济背景、心理背景等坐标轴，坐标轴建得越多，数据库用起来越方便。

然后，为了将各种各样的信息归纳得简单易懂，我们必须将一件件失败的情况与知识编写成一句话的记述。这

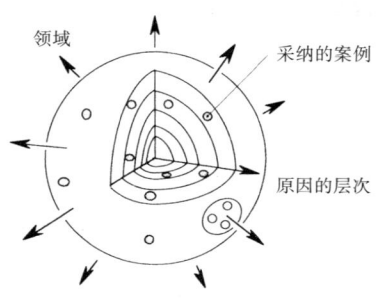

失败数据库的压缩

样一来，再考虑应把它们编入哪个失败系统就十分容易了。

另外，记述失败的六项目中的第六条，将失败信息整理成知识在此处十分重要。这家大型汽车制造商的失败数据库所欠缺的正是整理成知识这一部分。在活用失败信息时，许多企业都会整理从事件到总结部分的内容。然而，失败信息最终是否被整理成知识会导致人们对其利用程度产生巨大差别。因此这个没有整理知识的数据库也就无人问津了。

顺便一提，前面之所以说一个组织、领域应该收集300条失败信息，是因为这是人类能够完整吸收的知识量的极限。这种说法来自落语艺术家一生中能够记住的故事的数量。

我十分喜欢的落语名人、已故的三游亭圆生师傅能够完整记忆并演说的故事，总共有300个。一般压轴出场的落语家，通过三四十年不断打磨技艺，能够勉强记住的故事大约一百个左右。再往下数量更少，初出茅庐的业余落语演员只能吸收5个左右的故事，由此我们可以知道，圆生师傅的例子是多么罕见。

回过头来看看，那些活用失败信息的人又如何呢？虽然应该具体情况具体分析，但在数据库中准备了最大限度的三百个案例，并不见得每个都与自己有关系。由于不具备一边进行日常工作，一边将失败信息整理成知识并加以学习的环境，普通人姑且能学到十成知识，而像初出茅庐的落语表演家那样的新人，只汲取能够用得上的知识的话，大概只能吸收三成。

事实上，我就是基于这一理论，才像第一章中提到的那样，在大学教学中给学生讲述了塔科马海峡大桥、彗星式客机和自由轮这三个失败故事。我的目的是让这些机械工学的初学者牢记从这三个案例中已经整理成知识的自激振动、金属疲劳和脆性破坏，让这些故事在他们心中扎根，成为能够灵活运用的知识。

我给研究室的学生讲述我自己的失败故事也是如此。学生们听了手指骨被溶解的前辈的故事后，学习到了处理药品的要点。听了我与死神擦肩而过的故事后，了解了进行物质破坏实验时的注意事项。切实地吸收知识，将其中的经验化为食粮，今后将其他失败信息整理成知识时也能够顺畅无阻。

圆生师傅6岁就登台演出，表演过约20个剧目，而他仍然惜时如金，投入地学习落语，最终收获了掌握300个剧目的成绩。如果我们能够像圆生师傅那样努力，那么最大限度可以掌握300个得以正确传达并整理成知识的失败信息。

创设传递知识与经验的场所

我们的社会和组织所需求的，除了一个能提供失败信息的体系之外，还有一个可以让人熟练运用信息的传递知识与经验的场所。

在组织中确立一个能够活用失败的体系并不是那么难。除了研修、学习会等传统项目，在实际中得以应用并收效良好的办法还有很多。

例如，某个企业推行了一种政策，让失败当事人将自己的失败经历用一页 A4 纸做一个简单的总结报告，将失败信息通过这种方式传递给他认为有必要知悉此事的员工。发生失败是必然的，我们应学会娴熟地与其打交道，用积极的态度对待失败。

这个企业采取一项规定，由失败当事人自行判断哪些岗位需要获取他的失败信息。思考哪些岗位需要信息的过程，这也是了解体系的整体构成、认清自己究竟属于哪个部分、自己的行为会对系统整体产生什么影响的过程，这实在是一个很好的系统。

组织在认真面对失败时，真正的传承不可或缺。我们不应仅指导所负责的某一部分作业，而应该传递系统的整体面貌。即便觉得这是一项无趣又麻烦的教育工作，但这对于全面了解系统中潜藏的危险（即失败的种子）很有意义。

前面提到过,某大型公司让经历过萌芽期和发展期、全面理解技术的真正老练专家担负这一职责。我们不一定要拘泥于退休制度,可以采用特约顾问制度等各种雇佣制度,即使是八十多岁的人也可以担当这一重任。导入这种非常规的机制,证明企业领导人在与失败友好相处、防范致命失败等方面有极强的决断力。

真正的老手带来的这种教育,为仅了解公司成熟期面貌的年轻人创造了一个学习的场所,对他们个人提升能力有显著作用。基于真正老手所储备的知识和经验的故事,其本身就能勾起人们的兴趣。这对于贪婪地汲取知识的年轻人来说,不正是最"想知道的实质"吗?

日本以前会通过在大众酒馆喝酒或员工旅行等方式,让真正的老手与后辈的负责人员交流。这样一来,即使组织没有积极地介入,新老员工间也形成了一种自然传承的风潮。

不过,这个交流的场所也可能被假冒老手当成发泄压力的窗口,成为一个听老员工唠叨无聊话题的让人痛苦不堪的场合。在实际情况中，这会大大影响后辈负责人的工作干劲，绝不能置之不理。

可能是因为这个缘故，现在的年轻人都不热衷于建立过去这种充满人情味的人际关系，逐渐地对聚餐等社交方式敬而远之。现在的组织机构应该切实看清时代和人们喜好的这一变化趋势，积极地为真正的传承创造机会。

如今，许多企业利用研修或学习会的形式让后辈负责人获得传承机会。从整体上理解系统，对致命失败防患于未然，着眼于失败的积极面并与之友好相处，构建这样的文化氛围是大受欢迎的趋势。

但是，我们必须铭刻于心的是，有些时候，实施者的做法过于形式化，可能会浪费好不容易得来的机会。

这是我受某企业委托，为参加研修的人们演讲时注意到的情况。我被眼前坐着的这些人毫无生气的眼睛所震惊。讲演开始之前就是这种状态，说明应该不是我选择的话题出了问题。虽然没有打瞌睡，但以这副毫无生气的样子来听讲演，我想问题还是出在参加的动机上。

只要换位思考，任何人都能想明白，即便是有用的话题，但如果自己毫不关心，却被强制要求聆听，只有痛苦和煎熬。由组织主导，以研修或学习会的名义传授知识，大多数都像这种情况一样，流于形式化。

无论是多么珍贵的故事，只要不是在"想知道的时间"讲给"想知道的人"，那就肯定没有效果。用"所需的形式"提供"想知道的实质"是必要的，为此我们应培养能够讲出有吸引力的故事的传承者，与此同时，组织更应该努力创造一个场所，让员工积极并持续地参与这种真正的传承。

不管怎么说，此处的重点是，决不能让与失败友好相处的方法策略流于形式化。

活用失败并从中获益的机制

改变厌弃失败的风潮，与失败友好相处，这不仅要靠个人或某个集体组织的努力，更有必要在全社会确立积极地与失败相处的体系。这一点在第六章已经提到过，这里我将再次强调一下。

前面我提出的方案中，有一条是建议企业在资产负债表中加入"潜在失败"项目，并进行相应会计处理。预测一旦发生失败时的损失程度，用总额乘以失败的发生率，作为账外损失展示出来，其目的是改变目前日本企业对失败持否定态度的这一风气。

一个现实的问题是，如果对小失败放任不管就会导致致命的大失败，很有可能使数十年来悉心经营的品牌形象毁于一旦，这是迎来成熟期的日本企业普遍面临的问题。进一步说，像政府机关这类公共部门也是如此，行政制度迎来了成熟期后，也面临着诱发大失败的风险，这样说一点儿也不为过。

为改善日本目前这种随处可见的风气，只靠各个部分的努力成效有限。社会整体的介入是必不可少的。为了创造与失败积极地友好相处的环境，我们可以在会计体系中引进"潜在失败"科目，像美国一样设立司法谈判和惩罚性赔偿制度，引进这些社会体系是很有必要的。

失败博物馆

我提议，为了让失败作为一种社会文化而根植于人们心中，可以设置失败博物馆作为主要的活动地点。

我所想到的失败博物馆，概括来说有六个部分。

第一项是失败信息的收集。像前面提到过的那样，集中整合广泛收集来的失败信息，建立数据库，以方便人们查阅的形式保存起来。

第二项作用是信息的发布。一个是利用互联网发布失败信息，另一个是利用书籍等纸质出版物发布信息，二者并驾齐驱。

第三项是失败信息的传达。其中包含了失败结果的展示和与失败有关的讲解等。此处展示的不仅仅是"如果这样做的话就会产生这类失败"，而会详细展示当事人所经历的感受等内容。

第四项是一个实际体验失败的场所。例如，第六章中提到的汽车打滑体验等就可以放入这个版块。到过这里的人都能获得恐怖、痛苦的感受。

第五项是失败的咨询工作。其中包含着对失败方面的专家的培养。失败方面的专家肩负着对各机构组织在失败的预防和失败发生时的调查，以及发生失败后为避免事故扩大所进行的应对策略等咨询工作。其目的是帮助组织正确地理解失败，避免失败事态的恶化。其中绝不包含调查事故原因并追究相关人员的责任。因此，咨询专家可以确保与周遭利益无关的完全中立的立场。

第六项是作为失败的研究机构。失败与心理学、社会学、法学等诸多学科有着密切的关联。失败博物馆可以汇集这些领域的专家，从不同角度研究失败。

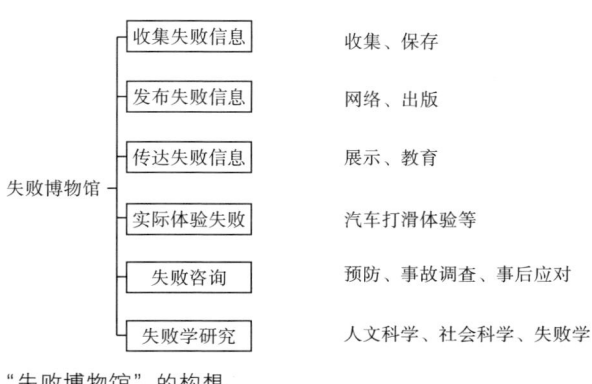

"失败博物馆"的构想

我期待着失败博物馆这类场所的设立能够改变目前对失败的消极的固有印象。如果全社会都建立起活用失败的体系，那其中的好处实在不可估量。

第九章

肯定失败

日本企业的病根

过去，日本的企业是让世界恐惧的经济动物，它们学习欧美的先例，完全吸收树状结构中的知识，实现了效率最大化的经营形式。不论好坏，无差别地吸收所有知识，选取其中没有浪费的最短路线，尽可能地追赶世界，超越先驱者，这是20世纪80年代日本企业获得巨大成功的一个重要原因。

然而，当日本企业站到完全相反的、被追赶的立场时，在市场成熟、消费者需求多元化的今天，这个方法就完全行不通了。有模板的时候可以运用擅长的改良技术来应对竞争，但需要进行新的创造时，这个的思路就行不通了。

事实上，现在大多数为扩大利益而进行大量生产的企业并不了解市场的需求，正在为产品滞销而感到苦恼。日本企业省去了不必要的工夫，从提高效率方面看的确有显著意义，但从树状图结构中所积蓄起的知识和经验日趋贫乏，会产生反作用。其结果就是，企业的规划能力和创造能力不可避免地急剧衰退，到了这一阶段，上述问题全都井喷式爆发了出来。

日本的这种模仿文化不仅是企业的问题，更是全社会的问题，无法正视安全管理漏洞，一再反复发生事件、事故的风潮中，已经清晰地展现了这个问题点。出现这种问题的背景是，只要有范本可以模仿，执行已经确定好的操作，那么就可以防止失败，这种扩散到整个社会的盲目自信。

以实现效率最大化为课题，禁止思考"这样一来会发生什么"这类的假想演习，完全不教授相关联的其他岗位的工作实质，切断整个体系中的关联和脉络，这就是日本企业典型的管理方法。这种方法会导致作业人员陷入思考停止的状态，失败发生时他们的托词一定是"没想过""无法预料"。导致"没想到""无法预测"的原因究竟是什么，需要我们好好想一想。

如今日本这种苦于经营不善，事故和问题反复发生的状态，就像一个得意、自负、疏于健康管理而最终被疾病打倒的病人。

在医生的世界里有一个常识，疾病从出现症状到真正意义上的痊愈所需要的时间是症状持续的时间的两倍。由于感冒病倒，卧床两天，那么就必须花上四天时间来休养。

这个观点也适用于日本企业，要使日本企业从真正意义上恢复元气，必须花上 10 年、20 年的光景。

模仿文化的局限性

广义来讲，我们从日本式经营方法中发现的这些问题，其实也可以理解为日本这个国家在文化方面的弱点。

日本从明治维新以来，就追随欧美等国，出色地模仿着它们。这让日本收获了惊人的发展成果，然而，日本也放弃了努力培养本国文化、文明的创造性，这一点不可否认。

创造能力的缺乏，显著表现在面对失败时应对策略的贫乏。真正的创造是从承认眼前的失败并与之坦诚相对开始的。然而，不能正视已经发生的失败，用"没想到的事故""无法预料的事故"等托词将失败原因说成是遭遇了未知问题，反复逃避责任，这样做不仅无法防止下次失败，也无法将失败培育成成长、发展的种子。

反过来说，与日本同为技术大国的美国情况如何呢？美国也以模仿欧洲作为自己发展的开端，日本陶醉在泡沫时期"赶超美国"的喜悦时，美国正在诚挚地学习日本企业优秀的品质管理理念。

而且，美国在通过模仿一路走上世界顶峰的同时也不忘记使用从经验中学到的"技术与创造必与失败相随"这一智慧，直面失败，体系化地引入了失败分析的活动。这就是在日本仅作为危机管理中的一项、遭人厌弃的失败。在美国，它反而成了给企业经营带来活力的源泉。多数企业采用一种管理模式，即平均每一百个人中就有一个人担任专门职员负责与失败打交道，这个技术大国之所以能常年位居世界首位，从这里，我们能窥见其成功秘密的一隅。

说到日本与美国的差别，有一个象征性的故事。

几乎将日本列岛完全覆盖的飓风"弗洛伊德"袭击美国是1999年9月的事情。飓风登陆三天后，美国就以总统名义发出了避难劝告，有两百多万人举家撤离，相信很多人都记得这件事。全家人带着行李，汽车像长蛇一样排在高速公路上的样子，好像恐怖电影中的场景。

此时，克林顿总统将军队调动权和预算权等原本只能由总统行使的权力暂时移交给了危机管理负责人。之所以采取这一非常规措施,是为在面临危机时以迅速应对的机制将受灾程度控制到最小。

日本的情况又如何呢？1995年日本发生的阪神淡路大地震是几乎相同的情况,实施抢险救灾的自卫队因到达现场太晚而引发了问题。这是囿于自治体与自卫队协作,出动前必须提出申请的体制缺陷,另外,以村山富市前首相为代表的领导人应对不及时,反映了日本领导人欠缺危机管理意识的问题,如今依然在流传。

不过,克林顿总统与日本领导人的差别不能单纯地看作领导才能的问题。不同的应对措施所反映的是日本和美国不同的失败文化。

美国至少是在1986年"挑战者"号航天飞船爆炸后开始直面失败,并思考预防下次失败的对策、孕育发展的种子,引入了失败文化。美国并没有单纯地将失败当作耻辱、减分项,而是肯定失败、利用失败,实现"失败学"的想法,这是我们必须学习的。

不过在日本,值得作为典范来学习的肯定失败的企业也有很多。比如大型汽车制造商本田技研等，沿袭了创始人本田宗一郎的理念，对于职员创意上的失败持十分宽容的态度。

另外，也有很多企业能够预见到需求多样化时代的到来，他们放弃对残存的管理偏重主义的盲目信任，倾注心血培养创造能力这一关乎组织存续的生命线。对于坚信活用失败的积极效果远大于其负面影响的"失败学"倡导者来说，没有比这更让人高兴的事了。

因此失败在继续

我们都知道，失败对当事人而言是一件羞耻的事情，没有比不发生失败更好的事情。虽然不论怎样注意都肯定会发生失败，但失败的发生确实与接下来更大的成功有密切联系。

实际上，九十九次失败所带来的绝望和愤怒也远比不上一次成功带来的喜悦感强烈。我们应历数小概率事件，重视它的重要性，现在已经到了必须回过头来思考如何让人类持续进步的时候了。

进一步说，即使是只带来了九十九次绝望的失败，根据使用方法的不同，也有可能成为知识的源泉，这正是"失败学"所强调的核心。认真地直面失败并分析失败原因的话，就可以理解对象的整体面貌。

这样一来，我们就能够预测接下来会发生的失败，也能够由此预防未来将会发生的失败。最终，我们可以创造一个能拯救数万人性命的新的体系，简直没有比这更美妙的事情了。

失败仅仅是新的创造的第一步。为了与这个失败友好相处，灵活运用，首先必须改变日本现在这种把失败当成耻辱、减分项的失败文化。

把失败当成耻辱或减分项只能把已经发生的失败隐藏起来，助长日后更大的失败。与其这样，不如直面失败的真实情况，建立能够不让失败再次发生的体系。

虽然这么说，但我觉得，发生失败时不假思索地想要把它隐瞒起来，这是人类的正常心理。那些能够轻易被隐藏起来的失败是不会演变成情况更为严重的失败的。但问题是，如果无法隐瞒的失败发生时我们却仍然不断编造谎言继续隐瞒失败，一定要避免这种情况。在这一阶段如果能够让真相大白于天下，那么就可以避免致命的损失。

无论怎样强调预防措施，失败都肯定会发生。人类的活动都伴随着失败，只要我们不停止活动，就必须一直与失败打交道。特别是在开发新技术或步入未知的领域时，失败几乎是理所当然地显现在我们眼前。还不如说，在现实中，顺利与圆满才是极为少数的案例。

失败会让我们感到一时的痛苦，实际上却对今后的发展有着重要启发。并且，我们一定不能忘记，真正的创造都是从那些理所应当地发生的失败开始的。

后　记

　　无论什么时候听到失败的故事，我都有身临其境的感受。有时会觉得有些好笑，更多的是感到气愤。起初觉得是与自己无关的事，只在脑海中想了一下，而后突然想到如果这件事情发生在自己身上会怎样呢，一想到这里，不禁后背猛然绷直，开始认真地思考。

　　失败的故事拥有不可思议的力量。我在大学或公司里做演讲时，讲到进展顺利的方法时，听众往往昏昏欲睡，但他们一听到遭遇磨难的故事，眼睛里就突然放出了光芒。

　　于是我想，"对啊，不如以我们自己的失败故事为原型创作一本有关设计的书"，因此，我收集整理身边的素材，写成了《持续不断·真实的设计：向失败学习》。在这本书中，只归纳罗列失败事例是没有意义的，因此我加入了对失败本身进行考量的失败论，将失败转化为成长的典型事故，以及活用失败的方法等。

　　本书自1996年出版以来，被安置在书店的工学类图书的一角，作为一本专业类书籍，出乎意料地畅销，并一直走到了今天。也许是因为此前几乎没有认真地分析失败的工学类书籍，于是拥有深刻洞察力，并能够牢牢吸引住读者眼球的立花隆先生推出大型活动，并在周刊杂志的书评栏中提到"东大的老师创办了失败学"，这为本书的宣传起了极大的推动作用。

随着"失败学"的推广，有人拜托我说："其实我们公司的失败经历像山一样多，为了活用失败，我整理失败案例，拼命地对公司职员进行培训，但失败仍然在继续。到底怎么办才好？不管怎么说，请您来我们公司一趟，给大伙讲讲吧。"我在接受公司邀请，指导公司中实际发生的失败问题时，脑海中渐渐积累起了当下日本社会中发生的各类失败的脉络。反复思考上述内容，总结提炼出了本书中针对失败的思维模式。

因此，这本书的核心并不是我一个人编写的，而是全日本各行各业（不仅指表面的皮毛，是广义上的人类经营全行业中得出的全部产物）的能工巧匠智慧的共同结晶，我只是代替这些人，将智慧的实质以图书的形式传达出来而已。

通过本书，我提出，人们只看到失败的负面作用，看不到其积极面，这种做法是奇怪的，只着眼于负面影响才会导致失败反复发生并发展成更大的事故。用冷漠的目光看待人类的经营活动，无法创造任何事物，只有温暖的目光才能催生新事物、丰富人类的文化。失败是肯定会发生的，重要的是正确面对失败，活用失败。为了不让同样的失败重演，我们应该有勇气与失败当事人高效对接。反过来，我们应该努力改掉无视失败、隐瞒失败、逃避责任的风气，出于以上的想法我写下了这本书。

正好在这期间，社会上出现了很多失败事件，科学技术厅致力于探求针对这些问题的根本对策，他们也与本书中所写的对失败学的看法有许多共鸣，2001年，科学技术厅成立了"失败知识活用研究会"，第二年起就建立了各个领域的失败的数据库。学界、产业界、政界前所未有地通力合作，提出了崭新的思考模式，我们期待这能够为全社会带来新的生机。

这个研究会的成立经报刊和电视报道后，我收到了各界人士询问和申请加入的邮件与书信。目前，虽然还没有到为这些感兴趣的人士提供场所的时机，但我仍然认为有必要为这些希望推动全社会的思维方式的有识之士设置一个崭新的场所。

整理本书花费了约半年时间。将最终稿交给出版社并修改原稿的事情登上了10月11日的晚报。同时，当日也刊登了筑波大学的白川英树名誉教授因发现并开发传导性聚合物而获得诺贝尔化学奖，以及东海村临界事故发生后JCO东海事业所前所长以下的责任人被逮捕这两件大新闻。一件是不放过研究过程中偶然发生的失败，通过深入钻研而获得荣誉，另一件是在管理工作中无视必要的环节最终引发事故。由于对失败的观点不同，这两个事件的发展也走向了明暗的两极，而它们同时刊登在一个版面上，不由得让人觉得这是上天的旨意。

说起本书面世的契机，是有一次我前往吉卜力工作室，在宫崎骏先生主持的学习会上进行失败学相关的演讲，讲谈社的田中浩史先生听说了这件事，觉得十分有趣，提议不如编成一本书。而后，京本辽经先生也加入进来，两个人原封不动地整理了我的演讲内容，本书就这样逐渐成型。可以说，如果没有这两位的协助，本书就无法问世。

本书中提到了很多现实案例。在这里我要诚挚感谢那些为了让后人知悉而提供案例的人。如果没有这些人的帮助，这本书不过是一个大学研究者的夸夸其谈罢了。

畑村洋太郎

新版后记

后记中提到过，本书是基于《持续不断·真实的设计：向失败学习》（日刊工业新闻社刊）写成的。这本书是我在东京大学工学部任教授时期与研究室的同事一起编写的，作为一本工学类书籍，它分析汲取了失败的营养，十分珍贵。这本书自1996年问世以来，一直畅销，实在是一本不可思议的书。

而《失败学》一书，可以说是因为希望更多人了解我对于前一本书中所记录的失败的一些观点和想法而重新编写的。并且在出版之际又从各种角度进行了讨论。得益于此，本书比起前一本，内容上更加深刻。

本书自问世以来，也不可思议地十分畅销。身为作者，我最感到惊讶的是这个世上竟然有这么多人对失败抱有强烈的关心，迫切地寻求与失败相处的失败学。

开始一项新事物的时候，多数人会从成功的案例学起。这也是无可厚非的，模仿已经成功的案例，以之为蓝本，就能够顺利推进所有事。然而，现实中这种事情几乎不会发生。模仿成功案例可能会获得一时的顺利，但大多数情况下会遇到预料之外的突发状况，最终肯定会搞砸。

学习成功案例，看起来是聪慧的做法。但为什么总是进展不顺利呢？原因很简单。那些认为只要模仿范本就万事大吉的人，慢慢会变得"不看""不想"范本以外的方法。更进一步，他们放弃探索更优方案，从而"停止前进"，而时代一直在变化，总有一天"好方法"会在不知不觉间变成"坏方法"。

我认为，不仅在生产现场，当下日本各处产生的问题，其根源处都有"不看""不想""停滞不前"这些现象。如果不能改变这种姿态，那么做什么都不会顺利，即便一时成功也不能得以持续。特别是在 IT 行业鼎盛的今天，世界正在飞速地发生变化。在这种环境下，即便学习优秀的范本也可能只会获得暂时的成功，现实世界已经变成了如此模样。

我认为，为了克服这个问题，务必心系"现场""实物""本人"。其中最核心的是要实行与前面的"不看""不想""停滞不前"完全相反的方案。一个人只有持有一定的目的走进现场，真切地看到实物，真诚地倾听现场的人的话语，才能抓住事物的本质。也就是说，有意识地怀着某一目的的人，通过实际的体验，自身获得一些感受，脑海中有一些主观印象，这是十分重要的，这样一来，此人就能够获得灵活地处理各种状况的真正的知识和能力。

事实上，这种想法也是失败学的根本。人类在开始一项新的活动时，首先都会以失败告终。然而，这个失败本身不是坏事，人们从这段经历中所看到的、感觉到的、想到的，一定都会对下次尝试有所帮助。这个时候最糟糕的就是吃了苦头，再也不想尝试，放弃挑战。这样一来此人的确不会再次经历失败了，但同时他也失去了进步的机会和成长的机会。请读者们一定记住这一点。

说起来，我也打算等到从东京大学退休以后，以"现场""实物""本人"为信条，全身心投入地奔走。本书提到的JCO临界事故，我也在执笔后去到现场察看。另外还有坠落的H2火箭等，我还访问了许多失败现场，以及生产现场。这样做的目的就是用自己的双眼去观察这些技术现场，亲自向失败当事人进行咨询。

最近，时隔十年，我又拜访吹炉式制铁的现场，聆听村下木原先生的见解。吹炉法是日本古代传统的精炼沙铁的制铁法，村下先生可以说是这门技术的继承者。本书中只提到了"负责这项工作的村下"，实际上指的就是村下木原先生。村下先生是玉钢制造（吹炉法）的指定技术保存者，也就是日本的国宝，通过和他交流就能够了解像吹炉法这样的技术，我想，如此宝贵的知识一定要利用别的机会发扬开来。

我像这样拜访失败的现场和技术的现场，用心意彻底研究我所关心的问题。

以 2004 年 3 月东京六本木之森大厦发生的大型自动旋转门事故为契机开办的"门计划"就是其中之一。这个项目旨在通过使用实物的门进行实验，探究"门会夹伤人"这一现象的原因和预防方案，并获得了相应的知识。这个活动在 2005 年 3 月结束，活动的一部分一直被 NHK 电视台播放，我自认为通过这一项目提出了比较宝贵的建议，项目本身在社会上有很大意义。

"门计划"原本是我个人投资、个人举办的活动。但实际上，活动受到了各界企业的大力支持。研究的对象自旋转门始，包括了滑动式自动门、百叶门及家庭用门，乃至汽车、地铁、新干线等的车门，可以说，单凭一个人的力量是绝对不可能展开如此大范围的实验的。我想，这一方面是我被邀请去许多失败现场、生产现场实地考察的结果，另一方面也归功于《失败学》一书的出版，让社会上对我有了"失败方面的专家"的认知吧。

这实在是一件让人高兴的事情，因此我要再次向为本书的出版而竭尽全力的各位表示感谢。另一方面，我也意识到，要在社会上推广肯定地看待失败、温暖地守护着人类的经营活动的失败学思考方式，的确有难度。本书出版以后，社会中方方面面也依然在重复失败。而且我觉得，社会上对这些失败的评价有些过于严苛了。

2004 年 10 月日本新潟县中越地震时发生的上越新干线脱轨事故就是一个典型案例。然而依我之见，这是近年来十分罕见的从过去的失败中有所学习的成功案例。不过，虽然事故未造成一个人员的伤亡，媒体在报道时却使用了"新干线安全神话破灭"这样的负面立意的标题。

我之所以认为这是一个成功案例，是因为他们预想到了最坏的情况，将受害范围控制在最小。东北新干线与上越新干线全程合计共有 82000 座高架桥，JR 铁路东日本段在 2003 年 7 月末袭击东北地方的宫城地震中，有 30 个左右的新干线桥墩出现不同程度的损伤，日本铁路借此机会重新制定了高架桥的安全基准。实际上，82000 座桥墩中，有大约 1/5，也就是对一万五千余座进行了修缮工程，方法是把原本的桥墩用铁板包裹起来，在内测浇筑混凝土，以此来加固桥墩，脱轨现场的桥墩就刚刚进行完修缮工程。

252 页的照片是我去脱轨现场附近采访时亲自拍摄的。请不要惊讶，突出在已经完成修缮工程的高架桥前的道路上的，是检修孔。这不是偷工减料，而是地震时由于液化现象使得原本建在地下的东西浮了上来。即便发生了如此恐怖的地震，新干线的高架桥都安然无恙，这正是事先进行桥墩修缮工程的缘故，我去到现场观察之后充分明白了这一点。

假如这次地震损坏了高架桥会怎样呢？很容易想象，新干线运行的轨道受损，造成的损失是脱轨事故无法比拟的。车辆会被一气撞飞，脱轨倾覆。到时候不仅是"人员伤亡"，还很可能像多年前德国高铁事故一样，造成多人牺牲。

这次的事故未造成人员伤亡，不管怎么说都是因为实

由于地基液化而浮上地面的检修孔

施修缮工程而确保了新干线行驶线路的安全畅通。学习过去的失败，立刻改变现有基准进行修缮工程，以我之见，这个案例是 JR 东日本"耿直努力的胜利"。

针对这一点，我在各种场合都持该主张，但遗憾的是，社会目前以冷淡的目光看待人类的经营活动这种做法还是占主导地位。但我依然坚信，只有用温暖的视线看待人类的经营活动才能创造新的东西，丰富人类的文化，今后我也将一直坚持这一主张。

任何人都讨厌失败，但失败与人类的活动紧密相关，任何人都无法避免失败。因此，比起逃避失败，更重要的是要学会正确面对失败，让它为日后服务。这就是失败学最基础的思考模式，借新版发行的机会，我迫切希望在社会中进一步渗透这一优秀观点。

畑村洋太郎

出版后记

我们从小时候起就听过"失败是成功之母"这句话,但是我们在做任何事时总是会下意识地想要避免失败。不得已面对失败时也总是避之不及,从未想过要从失败中总结经验教训。殊不知这样也错失了很多获得成功的机会。

本书作者畑村洋太郎是日本东京大学名誉教授,也曾担任过调查东京电力福岛核电发电所的事故调查检证委员会委员长,以及消费者安全调查委员会委员长。他在大学中教授机械设计的课程时就一直在摸索如何才能让学生切实掌握知识的教学方法,在这过程中,他意外地发现学生在遭遇失败时才能深刻感受真正的理解的必要性,并获得在任何场合都能灵活运用的真正的知识,"失败学"也应运而生。

在本书中,作者认为失败是有规律的,并详细总结了失败的定义、失败的种类和特性、传达失败信息的方法,以及如何消除致命的失败,建立活用失败的体系。同时,作者也系统性地阐述了如何在失败中振作,在失败中孕育新的事物，找回我们原有的创造能力的天赋。只要我们正确地看待失败，了解失败的特性，就能够有所反省，克服缺点，在成功的道路上不断远行。

所有人只想要复制成功，却从未想过复制成功也会有一定的风险。毕竟时代在变，过去的成功道路上也可能暗藏危机，只有不断努力试错，才能找出只属于自己的成功法则。

服务热线：133-6631-2326　188-1142-1266

服务信箱：reader@hinabook.com

后浪出版公司

2020 年 5 月

图书在版编目（CIP）数据

失败学：不懂失败，你如何成功 /（日）畑村洋太郎著；高笑颜译 . —— 南京：江苏凤凰文艺出版社，2020.10
ISBN 978-7-5594-5027-2

Ⅰ . ①失… Ⅱ . ①畑… ②高… Ⅲ . ①成功心理 – 通俗读物 Ⅳ . ① B848.4-49

中国版本图书馆 CIP 数据核字 (2020) 第 131884 号

《SHIPPAIGAKU NO SUSUME》
© Yotaro Hatamura 2000
All rights reserved.
Original Japanese edition published by KODANSHA LTD.
Publication rights for Simplified Chinese character edition arranged with KODANSHA LTD.
though KODANSHA BEIJING CULTURE LTD.Beijing,China.
本书由日本讲谈社正式授权，版权所有，未经书面同意，不得以任何方式作全面或局部翻印、仿制或转载。

简体中文版权归属于银杏树下（北京）图书有限责任公司
版权登记号：图字 10-2020-333 号

失败学

[日]畑村洋太郎 著 高笑颜 译

出 版 人	张在健
责任编辑	王 青
特约编辑	李雪梅
筹划出版	银杏树下
出版统筹	吴兴元
营销推广	ONEBOOK
封面设计	墨白空间
出版发行	江苏凤凰文艺出版社
	南京市中央路165号，邮编：210009
网 址	http://www.jswenyi.com
印 刷	北京天宇万达印刷有限公司
开 本	889毫米×1194毫米 1/32
印 张	8.5
字 数	127千字
版 次	2020年10月第1版
印 次	2020年10月第1次印刷
书 号	ISBN 978-7-5594-5027-2
定 价	38.00元

后浪出版咨询(北京)有限责任公司 常年法律顾问：北京大成律师事务所 周天晖 copyright@hinabook.com
未经许可，不得以任何方式复制或抄袭本书部分或全部内容
版权所有，侵权必究
江苏凤凰文艺版图书凡印刷、装订错误，可向出版社调换，联系电话 025 – 83280257